Bürglin

Sie sind wieder da
Bär, Luchs und Wolf erleben

Für meine Familie

Ralf Bürglin

SIE SIND WIEDER DA

Bär, Luchs und Wolf erleben

Inhalt

Kennst du die Großen Drei?

Sie sind gefährlich. Sie zeigen sich nie. Sie sind problematisch. Es gibt viele Vorurteile und negative Einstellungen zu Wölfen, Bären und Luchsen. Aber es gibt auch viele Menschen, die die drei großen Carnivoren von einer anderen Seite sehen. Sie sind von Wolf, Bär und Luchs fasziniert, sie finden es spannend, sich mit ihnen zu beschäftigen, und ganz Ambitionierte bieten sogar Touren zu diesen Tieren an. Diese Leute kommen im vorliegenden Buch zu Wort, ihre spannenden Tourberichte und eindrucksvollen Fotos ergänzen eigene Texte und Aufnahmen.

Das Buch soll Lust machen auf den Luchs und die Freude am Bär- und Wolf-Watching wecken. Das Buch soll animieren, ins Gelände zu gehen und sich unter finnischer Mitternachtssonne in einer Bärenbeobachtungshütte die Nächte um die Ohren zu schlagen. Es soll den Wunsch entstehen lassen, mit dabei zu sein, wenn in Schweden der Wolf heult, und in Andalusien die Kamera so lange auf das Hit-

zegeflimmer zu fokussieren, bis zwischen den Felsen endlich der Pardelluchs zu erkennen ist. Ein Stück weit sind wir von Naturfilmen und Fernsehen verdorben. Im Rhythmus von Sekundenbruchteilen werden uns dort Tiere gezeigt, die die Filmemacher oft tage- und wochenlang aufspüren müssen. Wir sind mit Aufnahmen von Wildtieren so überfüttert, dass wir nicht mehr einschätzen können, was es bedeutet und wie aufwendig es ist, nahe an ein seltenes, wild lebendes Tier wie einen Wolf heranzukommen.

Wenn wir die Beobachtungen selbst erleben und verstehen, wie einzigartig sie sind, ist das ganz anders. Ein Betrachter, der sich vor Ort den Lebensraum einer Tierart mit Anstrengung und Ausdauer erwandert oder stundenlang in einer Beobachtungshütte ausharrt und schließlich seinen Wolf oder Luchs entdeckt, empfindet ein Glücksgefühl, das sich sicher mit dem eines Eishockeyfans der „Berliner Eisbären" vergleichen lässt, wenn die gerade die Meisterschaft geholt haben.

Sympathieträger Bär: Er kann auch anders, aber so ist er einfach zum Knuddeln.

Legende Wolf: Welche Pose könnte typischer für ihn sein? Foto: Vera Faupel

Da sind Faszination und Bewunderung mit im Spiel, und die sollten in diesem Buch schon bei der Nennung der drei „Raubtiere" aufkommen. Deswegen ist auch nicht von „großen Beutegreifern" die Rede, sondern dort, wo es um alle drei Arten geht, häufig von den „Großen Drei". Kann sein, dass diese Bezeichnung diejenigen provoziert, denen das Zusammenleben mit Wolf, Bär und Luchs Mühe bereitet. Zu provozieren ist aber nicht meine Absicht, ich möchte faszinieren, dabei allerdings nicht herunterspielen, dass das Zusammenleben mit diesen Arten durchaus problematisch sein kann, dass Schäden in Millionenhöhe entstehen können und dass es ein konsequentes Management braucht, um mit den Großen Drei auf Dauer auszukommen – auch wenn dies manchen Tierschützern wehtut.

2012 haben führende Wolf-, Bär- und Luchsbiologen in Europa den Status der großen Carnivoren, ihre Verbreitung und Gefährdung und ihren Schutzstatus in den verschiedenen Ländern ermittelt. Ihre

Ergebnisse sind ein wesentlicher Bestandteil dieses Buchs. Ich konnte allerdings nicht alle Länder und Beobachtungsmöglichkeiten berücksichtigen. Das hätte den Rahmen dieses Buches gesprengt. Tourismus ist inzwischen ein wichtiger Faktor für den Erhalt der Natur, auch wenn sich negative Auswirkungen des Reisens nicht leugnen lassen. Chris Darwin, Naturschützer und Urenkel des berühmten Evolutionstheoretikers Charles Darwin, schrieb in der Berliner Zeitung: „Ich glaube, für die Artenvielfalt ist es unerlässlich, dass wir die Menschen aus ihren kleinen Kapseln, ihren Büros und Wohnungen, herausholen und ihnen zeigen, was es alles gibt auf der Welt. Denn nur, was man kennt, will man auch schützen. Der Mensch ist eben ein emotionales Wesen. Nur wenn er etwas persönlich erlebt hat, weiß er den Wert einer Sache zu schätzen." In diesem Sinn wünsche ich mir, dass der eine oder andere nach der Lektüre dieses Buches seine „kleine Kapsel" tatsächlich verlässt und sich die große Welt der Großen Drei mit viel Freude erschließt.

Waldgeist Luchs: Der Luchsmann beim Jungtier ist ein eher seltenes Bild.

Wolf, Bär und Luchs kennen und erkennen

Wer etwas über Wolf, Bär und Luchs erfahren möchte, ist gut beraten, sich mit ihrer Lebensweise und den Spuren, die sie hinterlassen, zu beschäftigen. Spannende Erkenntnisse sind sicher: Etwa warum nicht nur der Wolf wie ein Wolf heult, warum man im Winter eine Luchsspur mit der eines Hasen verwechseln kann, oder warum ein Bärenjunges – oder was man dafür hält – sich als ausgewachsene Bärin entpuppen kann.

Streit ums Schaf: Reste der Beute lassen Rückschlüsse auf den Beutegreifer zu.

Typisch Luchspfote: rundlich, 7–8 Zentimeter, eingezogene Krallen

SPUREN DEUTEN

Als Detektiv durch den Wald

Wolf, Bär und Luchs ziehen wieder durch unsere Lande. Dabei hinterlassen sie ihre Spuren – als Pfotenabdrücke im Schnee, als Urinmarken oder als getötete Beutetiere. Darauf zu stoßen, kann ein fesselndes Erlebnis sein. Diese Spuren zu interpretieren, ist eine große Herausforderung, die zu einer spannenden Detektivarbeit werden kann.

Luchs

In Europa gibt es nur zwei große Katzen: den Eurasischen Luchs oder Nordluchs und den Pardelluchs, der nur auf der Iberischen Halbinsel vorkommt. Ihre Verbreitungsgebiete überschneiden sich nicht. Eine Verwechslung ist daher ausgeschlossen. Erwachsene Eurasische Luchse sind eindeutig zu erkennen: Mit einem Gewicht von 15 bis 32 Kilogramm sind sie recht groß. Sie laufen auf langen Beinen, der Schwanz ist kurz, auf den Ohren sitzen Haarbüschel (Pinselohren). Auch ihre Spuren lassen sich relativ leicht bestimmen.

In der Regel ziehen Luchse ihre Krallen beim Laufen ein. Ihre Pfotenabdrücke sind rundlich und die Pfote ist mit 7 bis 8 Zentimeter im Verhältnis zum Körper sehr groß. Bei einer Haus- oder Wildkatze misst sie nur 4 bis 5 Zentimeter. Die Flächenbelastung liegt bei nur 30 bis 60 Gramm pro Quadratzentimeter. So können diese Pranken wie Schneeschuhe verhindern, dass der Luchs im Schnee einsinkt. Beim Menschen liegt die Belastung auf dem Untergrund drei- bis sechsmal höher.

Form und Größe einzelner Pfotenabdrücke werden unter anderem von Untergrund, Witterung und Gangart beeinflusst. Im Winter sind beim Luchs die Unterseiten der Pfoten dichter behaart, wodurch sich die Zehenballen nicht immer deutlich im Schnee abzeichnen, sodass man die Spur mit der von Hund, Dachs oder Hase verwechseln kann. Zur Sicherheit sollte man, wann immer möglich, eine Spur über mehrere Meter verfolgen (Achtung: Störgefahr!).

Der Verlauf einer Luchsspur lässt Rückschlüsse zu: Liegen die einzelnen Pfotenabdrücke etwa 40 Zentimeter voneinander entfernt, geht der Luchs im Schritt. Im Trab sind es 60 bis 70 Zentimeter. Führt eine vermeintliche Luchsspur entlang von schwer zugänglichen Felssimsen oder über liegende Baumstämme, spricht das eher für einen Luchs als für einen Wolf oder Hund. Auch ein Zaun ist für einen Luchs kein Hindernis.

Neben den Pfotenabdrücken sind auch die Duftmarken eines Luchses aufschlussreich. Luchse leben meist allein in großen Gebieten. Sie treffen selten auf Artgenossen und kommunizieren vielfach über den Duft. Die Duftdrüsen sitzen im Gesicht, zwischen den Zehen, am Schwanzansatz sowie am After. Luchse markieren häufig mit ihrem Harn. Erst schnuppern sie – Männchen wie Weibchen –, dann drehen sie sich und spritzen ziemlich waagerecht nach hinten hinaus. Markiert wird fast alles, was auffällig in der Landschaft steht: Wurzelteller, Baumstümpfe, Holzstöße, Brückenpfeiler. Forscher trauen den Tieren zu, dass sie anhand der Urinmarke Geschlecht und Paarungsbereitschaft feststellen und sogar Luchskollege A von Kollege B unterscheiden können.

Kaum zu verwechseln: Ein europäisches Pinselohr nördlich von Spanien kann nur ein Eurasischer Luchs sein.

Kleopatra könnte neidisch werden: Aus der Nähe betrachtet sind Luchse wunderschön gezeichnet. Die Augenpartie wirkt wie geschminkt.

Aufgrund ihrer Erfahrung können Luchsforscher anhand des Luchsurins feststellen, ob die Ranzzeit, also die Fortpflanzungsphase – in Mitteleuropa Februar bis April – kurz bevorsteht oder schon in Gang ist. Kurz vor und während der Ranzzeit markieren Luchse nämlich, verglichen mit dem übrigen Jahr, mehr als doppelt so viel. In der Paarungszeit hört man Luchse auch ausdauernd rufen. Unerfahrene Beobachter verwechseln die Rufe auch schon mal mit denen von Füchsen oder balzenden Eulen. [QR 1]

Mit viel Glück findet man anhand der Spuren zu getöteten Beutetieren (siehe Seite 54: Kapitel Polen). Die Hauptbeute des Luchses in Mitteleuropa sind Rehe und Gämsen, in manchen Gebieten Rothirsche (eher junge und weibliche). Gelegentlich reißt er auch Füchse, Hasen, Kleinsäuger und Vögel. Bei der Jagd auf Nutztiere hält er sich fast ausschließlich an Schafe, Ziegen und Wild in Gattern. Rinder sind ihm zu groß.

Der Luchs ist ein Überraschungsjäger, der in der Regel am Boden – nicht auf einem Baum – ansitzt oder sich anschleicht. Er jagt allein und muss deshalb effektiv töten. Nach dem Sprung auf seine Beute fixiert er sie punktgenau, hält sie mit seinen dolchartigen, spitzen Krallen fest und tötet sie mit einem einzigen Biss in die Kehle. Dabei wird die Luftröhre abgeschnürt, das Opfer erstickt.

Beim Töten entstehen vier Einstichlöcher am Hals der Beute, die typisch für den Luchs sind. Sonst gibt es am Körper der Luchsbeute keine Bissverletzungen. Der Luchs fängt meist an der Keule, manchmal auch an der Schulter an zu fressen. Die Beute bleibt weitgehend an einem Stück. Nach der Mahlzeit versucht er die Reste zu verscharren. Oft klappt das nur unvollkommen. Im Gegensatz zu Hundeartigen und Bären verscharren Luchse auch ihren Kot gern. Er ist also schwer zu finden. Der Kot besteht aus Einzelstücken, enthält viele Haare der Beutetiere und Knochensplitter.

Der Anteil an Muskelfleisch an der Nahrung ist hoch, entsprechend dunkel ist die Farbe des Kots. Pflanzenanteile sind im Luchskot nicht zu finden. Luchse lassen sich anhand ihres Fleckenmusters auf dem Fell unterscheiden. Entsprechend den Ringen auf der Fingerhaut eines Menschen ist das Fellmuster jedes Luchses einmalig. Auch die Muster auf den beiden Körperseiten unterscheiden sich. [QR 2]

DER LUCHS LIEBT ES URIG

Für den Luchs kommen verschiedene Wälder als Lebensraum infrage: Nadelwald, Laubwald, Mischwald, Waldsteppe. Im Gebirge findet man die Katze auf allen Waldhöhenstufen. Weniger als der Waldtyp spielt für den Luchs eine Rolle, wie der Wald ausgestaltet ist: Luchse lieben es vielfältig und urig, das heißt, sie schätzen umgefallene Bäume und aufgestellte Wurzelteller hier, eine Gruppe junger Bäume und Gebüsch dort, da die Felsengruppe, drüben die Lichtung. Da fühlt er sich wohl.
Quelle: Der Luchs: Die Rückkehr der Pinselohren

Geländegänger Luchs: Er bevorzugt urige Wälder mit vielen Versteckmöglichkeiten. Foto: Vera Faupel

Wolf

Wölfe sind von den drei vorgestellten Arten am schwierigsten eindeutig nachzuweisen, weil man sie leicht mit Hunden verwechseln kann. Wolfsähnlich sind einige nordische Rassen, Tschechoslowakische und Saarloos-Wolfshunde sowie Schäferhundmischlinge. Entsprechend schwer zu unterscheiden sind auch die Spuren von Wolf und Hund. Beide sind Zehengänger, das heißt, Krallen, vier Zehen und der Ballen an der Basis der Zehen drücken sich im Untergrund ab, nicht jedoch die Ferse, die höher sitzt. Die einzelne Spur eines erwachsenen Wolfs in Mitteleuropa ist ohne Krallen meist 8,5 bis 9,5 Zentimeter lang, im Norden kann sie länger sein. Die Spur der Vorderpfote ist größer als die der Hinterpfote. Die Krallen sind deutlich ausgebildet und gerade. Wolfsspuren sind oft größer als die der meisten Hunde, aber es gibt eben auch sehr große Hunde. Ein einzelner Tritt genügt nicht, um das Tier zu bestimmen. Entscheidend ist der Verlauf der Spur.

Die für Wölfe typische Gangart ist der geschnürte Trab, bei dem die Tritte in einer Linie liegen und die Hinterpfoten in die Spur der Vorderpfoten gesetzt werden. Dabei misst die Schrittlänge zwischen 110 und 150 Zentimetern. Hunde schnüren ebenfalls, jedoch seltener. Ein weiterer Unterschied: Ein Wolf hält sich selten mit Details am Wegesrand auf. Ist er im Trab unterwegs, verläuft seine Spur sehr geradlinig. Ganz anders ein Hund: Er weicht öfter von der Strecke ab, läuft zickzack, schnüffelt mal hier, mal dort.

Für die Unterscheidung der Spuren ist auch wichtig, dass der Wolf hauptsächlich im Rudel lebt. In Europa handelt es sich dabei meist um Familienverbände, bestehend aus etwa zwei erwachsenen Tieren, Jährlingen und den Welpen des aktuellen Jahres. Wölfe sind aber auch einzeln unterwegs, etwa junge Männchen, die sich neue Gebiete erschließen. Die mittlere Rudelgröße liegt in Europa bei fünf bis zehn Tieren. Die Größe schwankt jedoch und ist von der Verteilung und der Größe der Beutetiere abhängig. In Gebieten Nordamerikas mit Elchen oder Bisons, sind die Rudel bis 20 Tiere stark.

Ein interessantes Kapitel zum Thema Wolfsnachweise sind die Markierungen. Nur Wölfe, die Territorien besetzen, markieren mit Urin, die anderen nicht. Findet man also Urin bei einer Wolfsspur, weiß man, dass das betreffende Tier ein Gebiet für sich beansprucht. Findet man Spuren ohne Urin, durchwandert der Wolf das Gebiet lediglich. Wie beim Luchs sind Markierungen während der Paarungszeit häufiger. Der Wolfsforscher Christoph Promberger beschreibt, wie er einmal in Rumänien ein Rudel bei einer „Markierorgie" beobachtete. Eine benachbarte Gruppe hatte sich für zwei Tage im fremden Gebiet aufgehalten. Das beobachtete Rudel war offensichtlich eifrigst bemüht, die Fremdgerüche mit eigenem Urin zu übertünchen.

Von Ratte bis Elch: Aus dem Beuteangebot ergibt sich der Speiseplan der Wölfe.

LANGE NASEN RIECHEN BESSER

Man ahnt es schon, wenn man auf die Schnauze schaut: Der Geruchssinn spielt bei Wölfen, Hunden und Bären eine größere Rolle als bei Luchsen, Wild- oder Hauskatzen. Die Schnauze ist bei den erstgenannten Arten deutlich länger. Entsprechend ist das Riechepithel, auf dem die Riechzellen sitzen, ausgedehnter. Bei den Hundeartigen ist es bis zu 150 Quadratzentimeter groß, bei Katzen nur 14, bei Menschen lediglich 5 Quadratzentimeter. *Quelle: Biology and Conservation of Wild Felids*

Allein oder im Rudel: Wölfe sind sehr findig, wenn es darum geht, an Beute zu kommen – und sei es, dass sie einem Bär ein Reh stibitzen. [QR 3]

Wölfe sind nicht an bestimmte Lebensräume gebunden. Von Blumenwiesen über Wälder bis zu Müllhalden durchstreifen sie alles auf der Suche nach Fressen.

Heulende Wölfe: rufen das Rudel zusammen, kündigen den Aufbruch an, fördern den Zusammenhalt, befrieden Konflikte oder wollen ihre Beute verteidigen.

Wolf mit Wildschwein: Es gibt wohl kaum ein Landtier in Europa, das sich vor dem Wolf sicher fühlen darf.

Kot dient ebenfalls dazu, Duftmarken zu setzen. Kot von Wölfen findet sich häufig auf Wegen und Pisten, oft sogar noch exponiert an Stellen, die etwas höher liegen als die Umgebung. Der Wolfskot ist länger als 20 Zentimeter und hat einen Durchmesser von mehr als 2,5 Zentimeter. Der Kot von Füchsen ist kleiner. Frischer Wolfskot riecht streng. Darin finden sich Haare und Knochensplitter, die man teils auch von außen sieht. Im Kot von Hunden, die hauptsächlich mit Pellets oder Dosenfutter gefüttert werden, lassen sich solche Bestandteile nicht nachweisen. Verwilderte Hunde, die sich wie Wölfe ernähren, sind in Mitteleuropa selten.

In Europa ernähren sich Wölfe hauptsächlich von wild lebenden Huftieren, in manchen Ländern auch von Nutztieren, vor allem dort, wo keine wild lebenden Beutetiere vorkommen. Tote Beutetiere bieten gute Hinweise auf Wölfe. Typische Merkmale sind: ein meist gezielter Tötungsbiss in die Kehle, der von außen nicht sehr blutig wirkt, ansonsten wenige andere Bisswunden – bei großen Beutetieren an den Schultern, im oberen Bereich der Beine und am Hals. Typisch für Wölfe ist auch, dass sie ihre Beutetiere mehr als fünf Meter zum nächsten Sichtschutz ziehen können und viel vom toten Tier fressen. Wolfsuntypische Verletzungen an der Beute sind viele Bisse in den Rücken, Bauch und in die Seiten. Solche Verletzungen sprechen eher für einen wildernden Hund.

Entweder es läuft einem der berühmte Schauer den Rücken hinunter oder man hat das Gefühl, der Lagerfeuerabend ist jetzt perfekt untermalt: Wenn der Wolf heult, lässt das niemanden unberührt. Nichts scheint wolfstypischer. Durch Heulen rufen Wölfe Rudelmitglieder zusammen, kündigen den Aufbruch an, fördern den Zusammenhalt, befrieden Konflikte oder zeigen damit Bereitschaft, ihre Beute zu verteidigen. Aber Vorsicht, Heulen ist nicht nur Wolfssache! Manche Hunde kriegen es wie ihre grauen Kollegen hin. [QR 4]

Wenn der Wolf heult, ist das für den Wolfsfreund nicht nur schaurigschön, sondern immer auch aufschlussreich: So kann man mit etwas Übung aus dem Chorgeheul beispielsweise heraushören, ob Welpen mit dabei sind. Oder man kann in der Richtung, aus der das Heulen kommt, nach weiteren Wolfsnachweisen suchen.

DAS SIND WÖLFE WERT

Wölfe im Yellowstone-Gebiet, USA, sind zu einem bedeutenden Wirtschaftsfaktor geworden. 44 Prozent der Besucher zählen den Wolf zu den Top-3-Spezies, die sie sehen wollen. 2005 hatten 325 000 Besucher das Glück. Die Einnahmen für die lokale Wirtschaft, die allein Wölfen zugeschrieben werden, sind mit 35,5 Millionen Dollar pro Jahr angegeben. Demgegenüber fallen die Kosten für Ausgleichszahlungen für getötete Weidetiere und Kosten für Wildverluste kaum ins Gewicht: 63 818 US-Dollar pro Jahr für Viehhalter (2005); Verluste für Jäger – vor allem wegen 5 bis 30 Prozent weniger erlegter Wapitihirsche: 187 000 bis 464 000 US-Dollar.
Quelle: Wolves and People in Yellowstone, 2006

Natürlich lässt er sich die Brombeeren nicht entgehen. Auch sonst gibt es kaum etwas, das ein Bär verschmäht. Von Gras bis Aas frisst er, was satt macht.

Bär

Aus der Familie der Großbären gibt es in Europa zwei Vertreter: den Europäischen Braunbären und den Eisbären. Sie sind anhand ihrer Verbreitung (Eisbär: nur Arktis) und der Fellfarbe eindeutig zu unterscheiden.

Die Bären zu erkennen, bereitet selten Probleme (siehe auch Kasten). Schwieriger ist es, Bärenmann, Bärenfrau und Bärenkind zu unterscheiden. Wenn in der Paarungszeit von Mai bis Juli – also viel später als bei Wolf und Luchs – Männchen und Weibchen zusammenfinden, wird der körperliche Unterschied zwischen den Partnern deutlich. Männchen, die bis zu 300 Kilogramm wiegen, können erheblich größer sein. Auf große Distanz beobachtet, kommt es vor, dass die kleineren Bärenweibchen als Jungtiere angesehen werden und daneben die Bärenmänner als Bärenmütter.

Jungtiere bleiben bis 2,5 Jahre bei der Mutter und sind dann natürlich auch recht groß. Bei zwei kleineren Tieren, die einem größeren folgen, dürften die Verhältnisse klar sein: Hier folgen Zwillinge ihrer Mutter. Einen Hinweis auf die Familienverhältnisse bietet sonst auch die Jahreszeit. Außerhalb der Paarungszeit, wenn Männchen und Weibchen getrennte Wege gehen, ist es sehr wahrscheinlich, dass es sich bei zwei unterschiedlich großen Bären um Mutter und Kind handelt.

Der Bär ist ein Sohlengänger wie ein Mensch. Trifft man auf eine einzelne Trittspur, fällt einem das Menschenartige im Gang jedoch nicht immer gleich ins Auge. Die Bärentatze, auch Pranke genannt, ist hinten, von Zeh bis Ferse gemessen, bis zu 22 Zentimeter lang. Mit den Vorderpranten tritt der Bär jedoch nur auf Zehen und vordere Ballen auf. Die Ferse drückt sich vorn also nicht ab. Die Spur ist entsprechend eher rund als sohlenartig länglich.

DIE KUH IST LILA. DER EISBÄR IST WEISS.

Mitte der 1990er-Jahre gab es einen Schüler-Malwettbewerb, an dem 40 000 Kinder teilnahmen. Als sie eine Kuh ausmalen sollten, wählten 30 Prozent der Schüler die Farbe Lila, offenbar in Anlehnung an den Werbegag eines Schokoladenherstellers. Bei einer nicht repräsentativen Umfrage des Autors in einem Kindergarten im südbadischen Endenburg waren acht von dreizehn Kindern im Alter von zwei bis fünf in der Lage, einen Braunbären als „Bären" und einen Eisbären als „Eisbären" zu bestimmen. Das lässt hoffen – im Sinne von: Nur was man kennt, will man schützen. *Quelle: Zeit.de; eigen*

Seltene Beute: Ein Bär erwischt kaum einmal ein Reh – vielleicht als Unfallopfer.

Bärenmarke: Mit seinen Krallen hat ein Bär eine Fichte gekennzeichnet.

Jeder Bärenfuß hat fünf Krallen, die nicht eingezogen werden können. Die Vorderpranten weisen längere Krallen auf. Die Abdrücke der Zehen liegen in einer leicht gebogenen Reihe eng nebeneinander. Der Bär belastet die Außenseiten stärker. Dadurch kann es auf hartem Boden vorkommen, dass sich die inneren Zehen nicht abzeichnen.

Bärenspuren kann man mit den Spuren des Dachses verwechseln. Dachsspuren sind allerdings viel kleiner und maximal 5 Zentimeter breit. Auch die Trittspuren von Jungbären sind bereits mindestens 7 Zentimeter breit. Bären, die im Schnee unterwegs sind, treten mit den Hinterpranten in die Spuren der Vorderpranten. So entstehen zwei Reihen von länglichen Abdrücken, die dann einer Menschenspur tatsächlich nicht unähnlich sein können.

Folgt man einer Bärenspur, merkt man dann aber in der Regel schnell, dass da kein Mensch unterwegs war: Mit 100 bis 160 Zentimetern ist

die Schrittlänge größer. Das merkt man, wenn man versucht, in der Spur zu gehen. Bären sind Allesfresser, die für sich das beanspruchen, was sie am besten satt macht. Der größte Teil der Nahrung ist dabei pflanzlich. Das ist wohl mit einer der wichtigsten Gründe, warum sich der Bär im Vergleich zu Luchs und Wolf am einfachsten beobachten lässt. Braunbären treten auf Wiesen aus, um Gras zu weiden, oder bewegen sich entlang von Waldrändern, um Nüsse und Beeren zu fressen. Da ihnen diese Nahrung nicht fortläuft, kommen sie, solange noch was da ist, auch immer wieder an dieselben Stellen. Das macht die Bären berechenbar und ist für Beobachter im freien Feld ein großer Vorteil. Die tierische Nahrung von Bären kann im Frühjahr zu einem großen Teil aus Aas bestehen. Im Gebirge graben die Bären beispielsweise Kadaver unter Lawinen aus. Im Sommer sammeln sie Insektenlarven. Größere Tiere erbeuten sie relativ selten.

Wenn Bären Nutztiere angreifen, dann meist Schafe, im Norden auch Rentierkälber. Die Jagdtechnik ist von Bär zu Bär verschieden. Das ist ein Hinweis darauf, dass das Beutemachen für viele Bären eine so seltene Angelegenheit ist, dass sich die Jagdtechnik nicht deutlich in ihrem Instinktverhalten verankert hat. Der Umgang mit dem frisch getöteten Beutetier dagegen ist bei allen Bären ähnlich: Zunächst öffnen sie den Bauch und fressen Innereien und Brustfleisch. Häufig decken sie den restlichen Kadaver ab oder zerren ihn in eine Ecke, wo er vor Blicken sicher ist.

Schäden, für die Bären verantwortlich sind, sind einfach zu erkennen: Liegt etwa ein Bienenhaus in Bruchstücken da, wurde eine Futterstelle für Rehe zerstört oder ein Kanister mit Rapsöl zerbissen, das Waldarbeiter für ihre Maschinen benötigen, fällt der erste Verdacht auf einen Bären. Es lohnt sich immer, solch einen Tatort genauer anzuschauen und sich vorzustellen, mit welcher Kraft und Geschicklichkeit sich der Bär am Tatort zu schaffen gemacht hat.

ECHTE UND UNECHTE BÄRENDOPPELSPUREN

Gelegentlich sieht man zwei ungleich große Bärenspuren parallel verlaufen. Im zeitigen Frühjahr ist es wahrscheinlich, dass es sich um eine Bärin mit einem Jährling handelt. Bärenbabys verlassen erst im April/Mai die Geburtshöhle. Zwischen Mai und Juli könnte es sich bei einer Doppelspur auch um ein Männchen handeln, das sich für ein Weibchen interessiert. Verwechslungsgefahr besteht, wenn eine große Bärenspur im Frühjahrsschnee von einer auffallend kleinen Spur begleitet wird: Dachse folgen Bärenspuren oft über weite Strecken!
Quelle: Monitoring von Großraubtieren in Deutschland

Wie der Wolf setzt auch der Bär seinen Kot gern auf Wegen ab. Der Kot wird entweder in Form von wurstförmigen Stücken – 1,5 bis 4 Zentimeter dick – oder als Brei abgesetzt. Darin befinden sich oft grobe und wenig verdaute Pflanzenteile, wie Beeren, oder Chitinpanzer von Insekten. Der Dachskot ist dem des Bären ähnlich. Die Wurststücke sind aber dünner. In verschiedenen Situationen hinterlassen Bären Haare. Sie bleiben an abgebrochenen Ästen oder an

Stacheldraht hängen. Besonders häufig findet man sie an der Rinde von Markierbäumen. Wer entsprechend zu Luchs und Wolf auf bärige Laute hofft, hofft vergebens. Bären geben weder Balzrufe von sich, noch kommunizieren sie über große Distanzen. Wenn sie kämpfen, können sie brüllen. Aber „brummen" – so wie ein Teddy brummt – hört man sie nie. Unerfahrene Beobachter haben schon das Röhren von Hirschen oder das Schrecken von Rehen für Bärengebrüll gehalten. [QR 5]

Nur Sohlengänger hinten: Vorn treten Bären grundsätzlich nicht mit der Ferse auf.

Die Krallen drücken sich in der Spur meist nur als Löcher vor den Zehen ab.

ANPASSUNG

Was heißt hier scheu?

Der Luchs gilt manchen als „Europas scheuester großer Beutegreifer". Tatsächlich kann es schwierig sein, Luchse und auch Wölfe und Bären zu beobachten. Aber das muss nicht heißen, dass sie die Nähe des Menschen meiden.

Wildnis-Ikonen hin oder her: Bär, Wolf und Luchs können sehr flexibel und anpassungsfähig sein. In Bezug auf Menschen kann dies bedeuten, dass sie zwar nicht gesehen werden wollen, aber trotzdem unsere Nähe suchen. Ein Beispiel ist Luchs Turo.

Turo vom Zürichberg lebte ein Jahr lang im Naherholungsgebiet der Schweizer Großstadt. Auf der Strecke dorthin querte er Straßen, schlenderte an Schaufenstern entlang und hielt sich tagsüber in großen Gärten auf. Obwohl in diesem Gebiet viele Leute Sport treiben oder spazieren gehen, meldete sich nie jemand und wusste von der großen Katze zu berichten. In all dem Trubel ging Turo Rehe jagen, schaffte es aber trotzdem, sich den Blicken von Beobachtern zu ent-

ziehen. Aus Norwegen wurde bekannt, dass Luchse im Tageslager Beobachter im Schnitt bis auf 50 Meter und im Extremfall bis auf 8 Meter an sich heranließen, bevor sie sich verdrückten. In anderen Fällen flüchten die Tiere allerdings auch schon viel früher.

Aufgrund von Vorkommnissen in Hessen wurde der Begriff „Kofferraumluchse" geschaffen. Damit sind sehr zutrauliche Tiere gemeint, die in Gärten auftauchen oder sogar ihren Beobachtern um die Beine streichen. Es wird vermutet, dass es sich um von Hand aufgezogene Tiere handelt, die verantwortungslos ausgesetzt wurden.

Berühmt wurden die „Spaghetti-Wölfe" aus Vororten Roms. Die Tiere suchen dort die Müllhalden auf, um Nudelreste und anderes Verwertbares zu fressen. Aus Dörfern in Rumänien und den italienischen Abruzzen sind Wölfe dokumentiert, die nachts durch die Gassen schleichen. Bekannt wurde auch ein Rudel, das in einem verlassenen Haus seine Jungen aufzog. Wildbiologen wie L. David Mech gehen davon aus, dass Wölfe überhaupt nur deshalb für

Luchse sind nicht einfach nur scheu. Sie werden auch deshalb selten gesehen, weil sie weit umherziehen, nachtaktiv und gut getarnt sind.

Wildnis standen oder stehen, weil sie zuvor andernorts ausgerottet wurden. Gegenwärtig leben weltweit die meisten Wölfe in der Nähe von Menschen. Von Bären aus dem Trentino und den Karpaten weiß man, dass sie durch Füttern innerhalb kürzester Zeit handzahm werden. Bekannt sind auch die Folgen: Die Tiere entwickeln eine Erwartungshaltung, und wenn sie dann nicht bekommen, was sie erwarten, fangen sie an, das Gewohnte einzufordern – auf Bärenart, eben etwas rauer. Und plötzlich gelten sie als gefährlich.

Diese Beispiele zeigen vor allem eines: Die Tiere müssen eine Überlebensstrategie entwickeln, um sich irgendwie durchs Leben zu schlagen. Sie suchen die Nähe des Menschen dann, wenn sie andernorts – vor allem auch wegen innerartlicher Konkurrenz – ein schlechteres Auskommen haben. Andererseits sind sie in der Lage, unmittelbar auf Störungen zu reagieren und sich unsichtbar zu machen. Sprich: Die Großen Drei sind oft nur scheu, wenn sie müssen. Viele tierliebende Beobachter schwärmen von Begegnungen mit Wildtieren, die keine Scheu zeigen. Wer dieses Glück hatte, empfindet Naturgenuss

> ## DER SCHLÜSSEL ZUR KOEXISTENZ
>
> Habituation oder Habituierung lässt sich mit Gewöhnung übersetzen. Gemeint ist die Gewöhnung von Wildtieren an den Menschen. Bären, Wölfe und Luchse sind scheu geworden, nicht zuletzt weil wir über Jahrtausende versuchten, sie zu vernichten. Andererseits verlieren Tiere ihre Scheu, wenn sie keine schlechten Erfahrungen machen. Doch bei Wolf und Bär ist die natürliche Scheu die Grundlage für ein erfolgreiches Zusammenleben zwischen diesen Arten und dem Menschen.
> *Quellen: Dem Braunbären auf der Spur; Wolves*

pur, denkt an paradiesische Zustände und ein Zusammenleben in Harmonie. Könnte oder sollte man deshalb nicht alles vermeiden, was die Tiere scheu machen könnte? Wildtiermanager sehen das anders und warnen vor tragischen Konsequenzen.

Vom Wildbären zum Bettelbären: Wenige Kontakte mit Menschen genügen.

Er meidet Menschen – und kommt gelegentlich doch nachts in Ortschaften.

Sind Wolf, Bär und Luchs gefährlich?

Auf diese spannende Frage gibt es zwei Antworten: Nein. Es ist kein Fall bekannt, in dem ein verantwortungsvoller Beobachter von Wolf, Bär und Luchs in Europa zu Schaden gekommen wäre. Und: Ja. Wer bestimmte Regeln nicht einhält, setzt sich einem gewissen Risiko aus.

Luchse gelten generell als ungefährlich. Aber auch sie haben schon Menschen verletzt. Der Schweizer Luchsforscher Urs Breitenmoser berichtet von einem Touristen, der einen Jungluchs offenbar unabsichtlich veranlasst hatte, auf einen Baum zu flüchten. Als er an den Baum trat, änderte der Luchs seine Absichten, flüchtete baumabwärts und nützte dabei den Mann als Abstiegshilfe. Dabei wurde der Jogger bekam ein paar Kratzer ab. Breitenmoser beschreibt außerdem den Fall eines Joggers, der an einer engen Stelle quasi in einen entgegenkommenden Luchs lief. Dabei bekam der Jogger ein paar Kratzer ab. Aus den Slowakischen Karpaten berichtet P. Hell die Geschichte eines Schäfers, der in seiner Hütte einen Luchs vorfand, diesen kurzum mit bloßen Händen erwürgte – und sich dabei ebenfalls verletzte. Diese Beispiele kann man also getrost in die Kategorien „Unfall" oder „selbst schuld" einordnen.

Anders liegt der Fall bei Bären. Bären können, wie etwa auch Wildschweine, angreifen, wenn sie sich bedroht fühlen. In der Regel gehen sie dem Menschen jedoch aus dem Weg (siehe auch Kasten), und wenn Bär und Mensch dann doch einmal zusammentreffen, passiert meist gar nichts. Bei einer Auswertung von Bärenbegegnungen in Österreich kam es in 104 Fällen nie zu einem Angriff. In vier Fällen erlebten die Betroffenen einen Scheinangriff, bei dem die Tiere einen gestarteten Angriff abbrachen. Spaziergänger auf Wegen haben seltener etwas

---

BÄREN VERDRÜCKEN SICH LIEBER

Auswertungen von besenderten Bären in der Slowakei zeigen, dass Bären immer wieder unverhofft in die Nähe von Pilzsammlern, Spaziergängern oder Waldarbeiter geraten. Diesen für sie „unangenehmen" Situationen entzogen sie sich stets durch Rückzug oder Verstecken. Die beteiligten Menschen kriegten die Bären gar nicht mit. Im Sommer, wenn viele Menschen im Wald unterwegs sind, suchen sich Bären auch unterirdische Rastplätze. So entgehen sie nicht nur der Hitze, sondern auch den Waldbesuchern.
Quelle: Dem Braunbären auf der Spur

---

zu befürchten als Querfeldein-Gänger, die eher einmal in die Situation geraten, überraschend einem Bären gegenüberzustehen. Der Bär kann sich bedroht fühlen und angreifen. Dies gilt insbesondere für Bärinnen mit Jungen. Auch wenn Bären im Beisein von Menschen gefüttert werden, kann es zu Zwischenfällen kommen. Die Bären verlieren ihre Scheu, verhalten sich zutraulich wie Eichhörnchen, und irgendwann werden sie dann tatzengreiflich. Es entstehen Situationen, in denen Menschen verletzt werden. In Nordamerika heißt es nicht umsonst: „A fed bear is a dead bear." – Ein gefütterter Bär ist ein toter Bär. Denn Besucher, die es mit einem „frechen", Fressen fordernden Bären zu tun hatten, sind plötzlich der Meinung, man müsse so ein Tier erschießen. Tatsächlich bleibt Wildtiermanagern oft nichts anderes übrig. Tollwütige Bären sind im Übrigen unbekannt.

Bärenbeobachter sollten die folgenden Grundregeln beachten: Es ist keine gute Idee, sich einem Bären anzunähern, wenn Sie keine sichere Rückzugsmöglichkeit haben. Das heißt, Sie können mit dem Auto näher heranfahren oder einen Felsvorsprung erklettern, um einen grasenden Bären auf der anderen Talseite besser zu sehen, aber Sie sollten beim Näherkommen nicht riskieren, die Tiere zu erschrecken. Ob man sich zu Personen gesellt, die außerhalb von festen Futterplätzen, an Straßen oder Berghütten, Bären füttern, muss jeder selbst entscheiden. Denen die Meinung zu brummen, ist jedenfalls auch eine Option.

Bei Wölfen ist die Situation noch einmal eine andere. Beobachter machen die Erfahrung, dass auch Wölfe die direkte Begegnung mit Menschen in der Regel meiden. Fast immer ziehen sich Wölfe zurück, wenn sie auf Menschen stoßen. Nur Jungwölfe bleiben aus einer kindlichen Neugierde heraus mal etwas länger stehen oder nähern sich vielleicht sogar ein paar Schritte, bevor sie weglaufen.

Das Risiko, gegenwärtig in Europa, Russland und auch Nordamerika von einem Wolf angegriffen zu werden, schätzen Forscher als „sehr, sehr gering" ein – und das, obwohl die Wolfszahlen ansteigen. Dass es bei wenigen Zwischenfällen bleibt, hängt unter anderem damit zusammen, dass die Bedingungen, die Angriffe begünstigen, heute weitgehend ausgeräumt sind: Tollwut und Armut bei der Landbevölkerung wurden zurückgedrängt. Kinder müssen nicht mehr allein Viehherden bewachen. Vielerorts hat sich die natürliche Ernährungslage der Wölfe verbessert. Ein anderes Bild ergibt sich, wenn man die Situation vor dem 20. Jahrhundert analysiert. Hier gibt es gehäuft Belege dafür, dass Wölfe Menschen nicht nur verletzt, sondern auch getötet und gefressen haben.

Keine Sorge, die kuscheln nur: Bärenmütter können jedoch angreifen, um ihre Jungen zu verteidigen.

Eindrucksvolle Eckzähne – aber nicht gegen Menschen eingesetzt. Foto: Vera Faupel

Signalisiert Angst: ein Zähnefletschen mit angelegten Ohren.

Verschiedene Forscher haben zu Wolfsattacken in der Vergangenheit die folgenden Fakten zusammengetragen: Ilmar Rootsi belegt für Estland, dass zwischen 1804 und 1853 nicht tollwütige, teils zahme Wölfe und Wolfshybriden 108 Kinder und 3 Erwachse töteten. Luigi Cagnolaro und Kollegen trugen 440 Berichte von getöteten Menschen vom 15. bis zum 19. Jahrhundert in Norditalien zusammen. Die meisten waren Kinder unter 12 Jahren. George Mivart berichtet, dass in Russland im Jahr 1875 allein 161 Menschen von Wölfen getötet wurden.

Von den genannten Gründen für die Wolfsattacken spielt heute nur noch die Tollwut eine gewisse Rolle. Diese Viruserkrankung ist in Westeuropa weitgehend ausgerottet, grassiert aber weiter im Osten.

Im Vergleich zu anderen Tieren erkranken Wölfe nur sehr selten an der Tollwut. Wenn man Größe, Geschwindigkeit und Kraft eines Wolfs berücksichtigt, ist ein tollwütiger Wolf nach Angaben des Norwegischen Instituts für Naturkunde (NINA) „das gefährlichste tollwütige Tier überhaupt". Die tollwütige Phase kann bei Wölfen „außergewöhnlich heftig" verlaufen. Bei Angriffen, etwa 2001 in Lettland, wurden mehr als 30 Menschen gebissen. Doch das sind Einzelfälle. Heute sind Angriffe sehr selten. Wie oben beschrieben, war das früher anders. Wie lässt sich diese Diskrepanz erklären? Was ist der Grund? Menschen stellen für einige Tierarten grundsätzlich Beute dar.

Das ist nichts Außergewöhnliches. Tiger, Löwen, Leoparden und Kojoten erbeuten Menschen. Auch Wölfe sind dazu in der Lage, wenn sie es erst einmal gelernt haben und sich die Gelegenheit dazu bietet. Führende Wolfsforscher sind davon überzeugt, dass durch die bewusst angelegte Ausrottung der Wölfe in den letzten Jahrhunderten eine Selektion stattgefunden hat: Nur scheue Wölfe waren überlebensfähig und konnten sich fortpflanzen. Menschenfressende Wölfe starben aus.

In Nordamerika hat sich in den vergangenen Jahrzehnten die Zahl der Zwischenfälle mit aggressivem Verhalten gegenüber Menschen wieder erhöht. Beobachter bringen dies mit dem Schutz der Wölfe in Zusammenhang. Sie stellen fest, dass die Wölfe im Yellowstone-Nationalpark bereits wieder ihre Scheu vor Menschen verlieren. Die Zahl der Zwischenfälle steigt auch, weil mehr Wölfe und Besucher zusammentreffen.

Blutverschmiert. Blutrünstig? Wie alle Prädatoren töten Wölfe Tiere, um satt zu werden. Dabei gehen sie vehement zur Sache, weil sie erfolgreich sein müssen.

Im Norwegischen Institut für Naturforschung (NINA) fanden sich führende Wolfsbiologen für eine Studie zusammen. Um ein konfliktfreies Miteinander von Mensch und Wolf zu ermöglichen, empfehlen sie den folgenden Managementgrundsatz:

Wölfe wild halten. Wölfe, die ihre Scheu verlieren oder aggressiv reagieren, töten. Auch eine vorsichtig regulierende Jagd in bestimmten Situationen erachten die Forscher als sinnvoll. Zudem könnten Jäger der ländlichen Bevölkerung das Gefühl vermitteln, dass sie die Wolfslage kontrollieren. Für die Akzeptanz der Wölfe bei den direkt Betroffenen ist das sehr wichtig. Die Sorgen und Ängste der Menschen, die in den Wolfsgebieten und mit den Wölfen leben, sind real. Als Wolfs- und Menschenfreund kann einen das in die Situation bringen, dass man sich einerseits für die Wölfe begeistert und sich für sie einsetzt, im Einzelfall aber auch gutheißen muss, dass Tiere, von denen ein konkretes Risiko für Menschen ausgeht, getötet werden.

Welche Konsequenzen ergeben sich nun für Menschen, die Wölfe beobachten wollen? Wolfs-Watcher können sich grundsätzlich auf Folgendes einstellen:

WOLF UND MENSCH IN KOEXISTENZ

Wildtiere kämpfen ständig ums Überleben. Sie sind gefordert, sich anzupassen. Manchen Arten gelingt dies besser, anderen weniger. Der anpassungsfähige Wolf ist in den Jahrhunderten seiner Verfolgung scheu geworden. Er besitzt jedoch noch immer das Potenzial, Menschen gegenüber gefährlich zu werden. Verliert er seine Scheu und ergreift man dann keine Gegenmaßnahmen, können Wölfe für Menschen gefährlich werden. Auch deshalb hat man den Wolf früher ausgerottet. Heute ist das nicht mehr nötig. Heute sind Wildbiologen in der Lage, durch konsequentes Wolfsmanagement das friedliche Zusammenleben von Mensch und Wolf zu garantieren.
Quelle: Wolves – Behaviour, Ecology and Conservation

Wölfe sind heutzutage scheu und ungefährlich. Selbst in Tollwutgebieten braucht sich niemand den Genuss einer Wolfsbeobachtung dadurch verderben zu lassen, dass er ständig an die Gefahr einer Tollwutinfektion denkt. Ein Zwischenfall ist einfach zu selten.

Scheinangriff: In den seltenen Fällen, in denen Bären attackieren, brechen sie den Angriff meist nach wenigen Metern ab.

Nur eine Drohgeste, nicht gefährlich. Foto: Vera Faupel

Bärenjunge müssen vor allem erwachsene männliche Bären fürchten.

Auf dem Vormarsch. Seit Mitte des 20. Jahrhunderts breiten sich Luchse wieder aus – allerdings weniger schnell als Wölfe. Foto: Vera Faupel

Bereit sein zu töten

Die Koexistenz zwischen Mensch und den großen Carnivoren war lange Zeit geprägt von Töten und Getötetwerden. Viele Aspekte dieses Zusammenlebens erscheinen uns heute als grausam. Wer in unserer Zeit die Koexistenz befürwortet, für den darf Töten dennoch kein Tabuthema sein.

Unsere Vorfahren in der Steinzeit hatten den ganzheitlichen Blick auf Bär und Wolf. Sie bewunderten sie für ihre Kraft und Stärke. Andererseits töteten sie sie auch – häufig gerade auch, weil sie sie bewunderten. Ihre Felle hielten nicht nur warm. Man trug sie voll Stolz: Ihr Träger hatte im Kampf Mut und Kraft bewiesen. Aus Zähnen und Knochen von Bären wurden Kultgegenstände hergestellt. Andere Körperteile schätzte man, weil man zu wissen glaubte, sie würden heilen. Und nicht zuletzt macht Bärenfleisch auch satt.

Als die Menschen begannen, Felder anzulegen und Vieh zu halten, änderte sich ihre Einstellung. Die großen Carnivoren wurden zu Konkurrenten. Sie bedrohten jetzt die Existenz vieler Menschen. Mehr und mehr verfolgte man sie mit dem einen Ziel: Ausrotten.

Die ersten Berichte gezielter Maßnahmen gegen Wölfe in Form von Kopfgeldern sind für Griechenland bereits für das 6. Jahrhundert vor Christus dokumentiert. „Raubtiere" auszumerzen galt seit dem Mittelalter als Christenpflicht. Man erschlug sie in Totschlagfallen, ließ sie in Gruben stürzen oder vergiftete sie. In vielen Regionen und ganzen Ländern wurde dieses über Jahrhunderte verfolgte Ziel dann tatsächlich auch erreicht.

Die Großen Drei überlebten bis ins 20. Jahrhundert nur dort, wo sie in relativ entlegenen Gebieten extrem selten und scheu geworden waren und kaum noch Schaden anrichteten. Ein Beispiel dafür sind die Alpenbären. Auch in vielen Gebieten Osteuropas hatten sie ein Auskommen, weil auch diese Regionen dünner besiedelt waren und dort immer eine Verbindung zu den Populationen Russlands und Asiens bestand. Aber es gab noch einen weiteren Grund, warum die Großen Drei vor allem im Osten überlebten: Dort begannen Jäger die Populationen durch kontrollierte Jagd zu managen. Sie waren in den ländlichen Gesellschaften gut verankert und übernahmen die Verantwortung für entstandene Schäden. Damit war eine fehlende Akzeptanz der Landbevölkerung gegenüber den Großcarnivoren dort kaum ein Thema.

Etwa ab der zweiten Hälfte des 20. Jahrhunderts begannen die Großen Drei sich europaweit wieder auszubreiten. Landleute zogen in die Städte, Weiden wurden zu Wald. Die Beutetiere der Großcarnivoren konnten sich wieder etablieren. Natur- und Artenschutz wurden modern, so modern, dass ab den 1970er-Jahren Luchse, später auch Bären wieder angesiedelt wurden.

Die Situation der Wölfe, Bären und Luchse ist heute regional sehr unterschiedlich. Manche Populationen wie die der Bären in Rumänien sind groß und stabil. Andere expandieren, wie zum Beispiel die der Wölfe im französischen Mercantour oder in Finnland. Einige kleine Populationen wie die der Luchse im Bayerischen Wald bleiben stark gefährdet. Populationen wie der Marsikanische Bär in den Abruzzen nehmen kontinuierlich ab. Die Bären in Österreich sind nach erfolgter Ansiedlung wieder kurz vor dem Aussterben.

KLEINES LAND, VIELE BÄREN

In Slowenien, dreieinhalbmal kleiner als Bayern, leben zwei Millionen Menschen und etwa 450 Bären. Damit der Bärenbestand nicht anwächst und Probleme verursacht, erlaubt Slowenien jedes Jahr den Abschuss von 80 bis 100 Bären, die großenteils zu Wurst und Schinken verarbeitet und verkauft werden. Slowenien handelt sich deswegen den Protest westlicher EU-Mitglieder ein. „Da kommen Länder wie Niederlande und Deutschland mit dicken Papieren, wie wir unsere Bären managen sollen", erzürnt sich Marco Jonozovic – zuständig bei der staatlichen slowenischen Forstbehörde für die Bären, „aber der Unterschied ist: Wir machen es seit hundert Jahren so und haben viele Bären. Und sie? Sie haben vor allem Papier, aber keinen einzigen Bären."
Quelle: taz

Stöbert vielerorts in Europa wieder durch den Schnee. Wildmanagementpläne bieten die Grundlage für die Koexistenz mit dem Menschen. Foto: Vera Faupel

Für Laien ist oft schwer zu verstehen, was der Begriff „geschützt" beinhaltet. Die meisten Populationen, vor allem in der EU, sind „streng geschützt". „Streng geschützt" kann aber durchaus bedeuten, dass Abschüsse möglich sind. Ausnahmeregelungen erlauben es, eine begrenzte Zahl von Tieren zu töten. Das macht dann Sinn, wenn Bären oder Wölfe nicht davon abzubringen sind, sich Menschen zu nähern oder wenn in einem Gebiet trotz Vorsorgemaßnahmen hohe Schäden an Weidetieren entstehen. Auch in Ländern, wo die Jagd auf die drei Arten generell erlaubt ist, wie etwa in Norwegen, wird eine jährliche Abschussquote festgelegt. Viele Länder haben zudem einen Managementplan, der zum Beispiel vorgibt, was zu tun ist, wenn sich ein Tier auffällig verhält. In einigen Ländern war es allerdings noch nicht möglich, diese Pläne durchzusetzen.

Biologen gehen davon aus, dass sich vor allem der Wolf selbstständig weiter ausbreiten wird. Dafür brauchen Wölfe definitiv keine Wildnis, auch keine menschenleeren Waldgebiete. In Italien, Spanien, Rumänien und in anderen Teilen der Welt haben Wölfe bewiesen, dass sie in unmittelbarer Nähe zu Menschen überleben können, dass sie sich durchschlagen können auf der Basis von Aas, Abfällen, kleinen Tieren und Haustieren. Im Idealfall freilich leben Wölfe in Landschaften – auch Kulturlandschaften –, wo sie wild lebende Beutetiere jagen können, Huftiere vom Wildschwein über das Reh, den Rothirsch bis zum Elch. Nur: Auf diese Gebiete mit dem idealen Angebot von Beutetieren werden sich Wölfe nicht beschränken. Wölfe machen sich gegenseitig Konkurrenz. Manche behaupten sich, andere wandern ab – auch dorthin, wo sie keine idealen Bedingungen vorfinden.

Der Wolf ist von den drei Arten vermutlich diejenige, die sich am besten anpassen kann. Er hat die meisten Nachkommen und kann große Distanzen in kürzester Zeit zurücklegen. Wolfsbiologen wie Luigi Boitani und David Mech nehmen an, dass es in Zukunft häufiger zu Zwischenfällen kommen wird. Das Image der Wölfe wird darunter leiden, sagen die Biologen. Sie warnen sogar davor, dass Zwischenfälle für den Schutz der Wölfe schädlich sind, und sehen aus diesem Grund keine Alternative zum Töten von Risikotieren.

Noch selten blumige Aussichten: In den Pyrenäen, Alpen und Abruzzen stehen die Bärenpopulationen auf wackeligen Beinen.

Luigi Boitani und andere Wolfsforscher beklagen, dass Tierschützer gegen das Kontrollieren der Wolfsbestände Stimmung machen. „Von den Exzessen des rücksichtslosen Tötens der Wölfe bewegen wir uns zu Exzessen des Wolfsschutzes." David Mech warnt sogar davor, das Töten von Problemwölfen aufzuschieben: „Am Ende werden viel mehr Wölfe getötet werden müssen." Unsere Gesellschaften wird diese Situation vor große Herausforderungen stellen.

Viele Lebensräume verschlechtern sich derzeit, das Schlimmste aber, was den Wölfen – und auch Bären und Luchsen – passieren kann, ist, dass eine Mehrheit unter uns Menschen sie nicht (mehr) haben will und entsprechend die Gesetze, die momentan ihren Schutz garantieren, geändert werden. In Zeiten, da Europa infrage gestellt wird, ist auch der Schutzstatus gefährdeter Arten gefährdet. Wenn wir letztlich das Überleben insbesondere von Bär und Wolf garantieren wollen, müssen wir in gewisser Weise an das ganzheitliche Empfinden unserer Steinzeitvorfahren anknüpfen. Wir sollten einerseits (wieder) lernen, Bär und Wolf zu bewundern und zu respektieren.

SPRACHE IST VERRÄTERISCH

„Raubtiere": Der Begriff verrät unsere Einstellung zu dieser Tiergruppe. „Raub": Das bedeutet die „mit Gewaltanwendung verbundene Aneignung fremden Eigentums". Diesen kriminellen Tatbestand auf die Tierwelt zu übertragen, lieferte unseren Vorfahren die Legitimation, das Raubwild auszurotten. Bis heute ist der Begriff noch nicht ganz verschwunden. Während die „Raubvögel" sich allmählich in „Greifvögel" verwandelt haben, konnten sich die „Beutegreifer" in der Umgangssprache nicht durchsetzen. Das Wort „Carnivore" oder „Karnivore" heißt nichts anderes als Fleischfresser – von lat. carnis = Fleisch, und vorare = verschlingen.
Quelle: Die besiegte Wildnis; Kontaktbüro Wolfsregion Lausitz

Und wir müssen gleichzeitig bereit sein, einzelne Risikotiere zu töten – gerade weil wir sie weiter bewundern wollen.

UMGANG MIT BÄR, WOLF UND LUCHS

Ohne Akzeptanz kein Tanz

Wolf, Bär und Luchs kommen zurück. Das heißt allerdings nicht, dass ihr Überleben gesichert wäre. Wie das Beispiel der österreichischen Bären zeigt, gibt es für Artenschützer keinen Grund für Freudentänze. Alle Bemühungen für die Arten sind vergebens, wenn die Bevölkerung – oder Teile davon – nicht dahintersteht.

Es hätte eine der größten Artenschutzstorys werden können – hätte! Nach erfolgreicher Ansiedlung in den 1990er-Jahren gilt der Braunbär in Österreich heute nahezu als „wieder ausgerottet". Der Grund: illegale Abschüsse. Betrachtet man die größten Gefahren für Bär, Wolf und Luchs, sind tatsächlich alle drei Arten durch „geringe Akzeptanz" bedroht, sowie durch „Störungen" (bei Bären) und „Nachstellungen" (bei Wolf und Luchs). Ferner macht den Großen Drei der Verlust ihres Lebensraums zu schaffen. Das lässt ihre Zukunft in einem düsteren Licht erscheinen.

Vor allem aber der Akzeptanz kommt eine Schlüsselrolle zu: Wenn alle Beteiligten oder Betroffenen die Arten wieder akzeptieren oder sich zumindest neutral verhalten, dürften die Nachstellungen keine Rolle mehr spielen. Und in einer Pro-Carnivoren-Atmosphäre wären sicher auch Maßnahmen für den Schutz oder Erhalt des Lebensraums besser durchzusetzen.

Aber wer akzeptiert eigentlich die drei Arten nicht? Man kann unterscheiden zwischen denen, die durch die Großen Drei materiell betroffen sein können – Tierhalter, Imker, Jäger –, und denen, die in dieser Hinsicht nichts zu verlieren haben, aber dennoch Angst empfinden. Generell gilt laut der Alpenschutzkommission CIPRA, dass die Bedenken der Menschen in Gebieten außerhalb des Verbreitungsgebiets der drei Carnivoren überzogen sind, im Vergleich zu dem, was vor Ort tatsächlich passiert. Es geht also auch um Einstellungen, die von Wissen und Erfahrungen geprägt sind.

Eine Studie aus der Slowakei belegt, dass beispielsweise „Bärentourismus" dazu beiträgt, die Einstellung gegenüber diesen Tieren zu verbessern. Bei einer Umfrage in Kroatien waren 85 Prozent der Befragten der Überzeugung, dass das Wissen um Bären in der Region sich positiv auf den Tourismus auswirkt. Der Tourismus hat also durchaus das Potenzial, zum Schutz der Arten beizutragen. Er ver-

---

ERKENNTNIS EINES ARTENSCHÜTZERS

„Unsere Schutzmaßnahmen werden nicht erfolgreich sein, wenn sie nicht von den Menschen unterstützt werden, die in den Gebieten mit einer großen Vielfalt an wild lebenden Arten leben", so die Einschätzung von Patrick Murphy, dem ehemaligen Leiter des Referats Natur und biologische Vielfalt der EU-Generaldirektion."
Quelle: Managementplan für den Wolf in Sachsen

---

schafft den Menschen vor Ort Arbeitsplätze und damit ökonomische und soziale Vorteile. Derartige Zusammenhänge können vielleicht auch die Betroffenen dazu bewegen, einzulenken.

Deutlich komplizierter zu lösen ist die Frage, wie Viehhalter und Jäger in Schutzmaßnahmen eingebunden werden können,. Bei den Viehhaltern sind unbürokratische Ausgleichszahlungen, die nicht pro Schaden, sondern pauschal gezahlt werden, sicher ein Ansatz, den viele Halter akzeptieren könnten. Bei den Jägern gibt es Beispiele – wie die Luchsauswilderung im Harz –, die belegen, dass sie mit ins Boot geholt werden können, wenn sie von Anfang an in entsprechende Maßnahmen eingebunden sind. Noch wichtiger als die Einstellung einzelner Gruppen ist allerdings die Stimmung der Bevölkerung insgesamt.

Und die kippt, sobald Menschen zum Opfer werden. Bei aller Tierbegeisterung muss daher der Grundsatz gelten: Die Sicherheit der Menschen steht an erster Stelle! Bruno, Deutschlands erster Bär nach 170 Jahren, war nach Kriterien von Wildbiologen als „Risikobär" eingestuft worden. Tierschützer sehen das anders, weil er sich nie aggressiv verhalten hatte. Unstrittig ist: Hätte Bruno jemanden angegriffen, wäre der Aufschrei groß gewesen. Bayerns Bärenmanager Manfred Wölfl vom Landesamt für Umwelt kommt sogar zum Schluss: „Wir hätten wohl niemals mehr Bären in Deutschland zugelassen." Wildlife-Manager raten, zwischen dem Wohl einzelner Wölfe und Bären und dem Wohl von Wolfs- und Bärenpopulationen zu unterscheiden. In Zukunft werden immer wieder einzelne problematische Tiere sterben müssen, damit die Stimmung in der Bevölkerung nicht kippt und so die Populationen im Ganzen erhalten bleiben können.

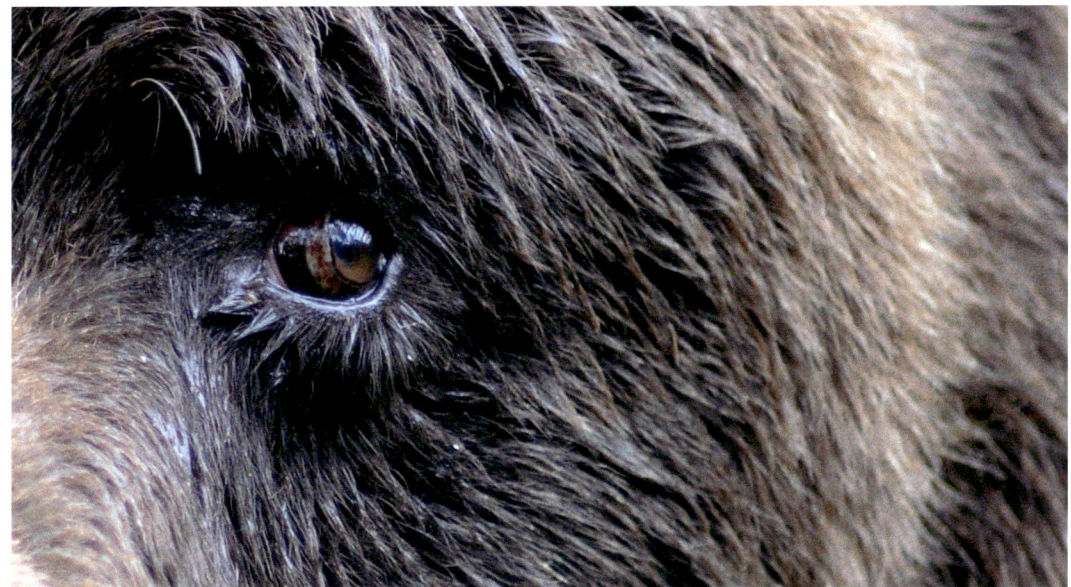

Nah dran: Wer zum Bär-Watching geht, kann nachweislich mehr Bezug zum Tier aufbauen.

Zieht an: Attraktive Wildtiere wie der Luchs haben das Potenzial, Touristen in eine Region zu holen.

Treuer Blick: Sein Überleben wird in Zukunft auch in den Händen von Wählern liegen.

Die Großen Drei erleben

In Tierparks und Zoos kann jeder Bären, Wölfe und Luchse erleben und beobachten. Aber können die Tiere ihre Wirkung auf den Beobachter dort so stark entfalten wie in der Natur? Wo es in unseren Breiten um das Erleben von intakter Natur, von lebenden Landschaften geht, kann Bär, Wolf und Luchs eine zentrale Bedeutung zukommen. Denn wo man auf die Großen Drei trifft, erlebt man Ursprünglichkeit und Vielfalt und lernt, Respekt vor der Natur zu empfinden.

Mehr Natur. Mehr Naturgenuss.

Viele Tierparks und Zoos zeigen Wölfe, Bären und Luchse. Doch es gilt als nicht unproblematisch, die drei Arten in konventionellen Anlagen zu halten. Alternativen gibt es durchaus.

Bären im Tierpark sind ein Renner. Im „artenreichsten Zoo der Welt", dem Zoologischen Garten Berlin, war Eisbär Knut ab 2006 ein Megabesuchermagnet. Bereits nach einem halben Jahr wurde der millionste Knut-Besucher begrüßt. Laut welt.de verkauften sich an einem einzigen Wochenende 2400 Plüschbären. Die Einnahmen kommen Zoo und Artenschutz zugute, heißt es vonseiten der Zoovertriebsleitung.

Tierschützer haben jedoch ihre Zweifel, ob mit der Haltung von Bären und Wölfen tatsächlich etwas für den Artenschutz geleistet werden kann. Bären und Wölfe gewöhnen sich sehr schnell an Menschen. Mit der Habituierung eignen sie sich nicht mehr für eine Auswilderung. Gehege-Luchse hingegen hat man bereits erfolgreich in die Freiheit entlassen.

Nach Jahrhunderten der Bärenhaltung in Burggräben, engen Zirkuskäfigen und hinter den Eisenbarren von Zwingern hat sich vieles verbessert. „Doch trotzdem sind bis heute viele Anlagen strukturlos", stellt die Stiftung für Bären fest, also öde und leer, mit wenigen beweglichen Objekten, mit denen sich die Tiere beschäftigen können. In solchen nicht verhaltensgerechten Umgebungen entwickeln Bären stereotype Verhaltensweisen wie ständiges Auf-und-ab-Wandern und das Weben, das Hin-und-her-Schwingen des Oberkörpers. Und die Tierschützer kritisieren weitere Dinge in der Bärenhaltung: Oft fehlt den Tieren die Möglichkeit, sich vor Besucherblicken oder Artgenossen zurückzuziehen. Auch das Sozialverhalten wird nicht berücksichtigt: Bären werden auf engem Raum als Paar gehalten, obwohl diese Konstellation in der Natur nur kurz zur Paarungszeit gegeben ist. Zoobären bekommen oft vorbereitete, zerkleinerte Nahrung, was sie für die längste Zeit des Tages beschäftigungslos macht. Die Folge: abnormes Verhalten.

2014 hat das Landwirtschaftsministerium ein neues Säugetiergutachten vorgelegt, das Haltungsbedingungen definiert. Bei den Gehegeanforderungen von 1996 hieß es noch 150 Quadratmeter für ein Paar. Nun werden mindestens 500 Quadratmeter für bis zu drei Tiere gefordert. Doch sowohl Zoovertreter als auch Tierschützer halten nicht viel von den neuen Vorgaben. Die Zoos sehen das Fortbestehen ihrer Einrichtungen in Gefahr, die Tierschützer wollen noch mehr Platz für die Tiere.

Viele Tierparks können oder wollen die Anforderungen nicht erfüllen. Arbeitsplätze stünden auf dem Spiel. Die Regel „Je mehr Platz, desto besser" lasse sich wissenschaftlich nicht untermauern, so der Verband der Zoologischen Gärten in spiegel.online. Es komme vielmehr auf eine klar strukturierte Umgebung an.

Die Alternativen Bärenparks der Stiftung für Bären haben insgesamt 50 000 beziehungsweise 100 000 Quadratmeter. Teilt man die Fläche durch die Anzahl der Tiere, kommt man auf 7000 bis 11 000 Quadratmeter, die jedem Tier zur Verfügung stehen. Die Stiftung wirbt mit Bedingungen „wie in der Natur", was laut Rüdiger Schmiedel auch auf die Strukturen zutrifft. Der Geschäftsführer der Stiftung für Bären nennt in diesem Zusammenhang den natürlichen Boden, der sich dazu eignet, Höhlen zu graben; Totholz, das die Bären auf der Suche nach Insekten zerlegen können; Wasserläufe, die sich zum Baden eignen, oder Beerenbüsche, die die Bären abernten.

„Die großen Flächen sind absolut notwendig", meint Schmiedel. „Die Bären verwohnen ihre Anlagen. Daher müssen wir in der Lage sein, Bereiche vorübergehend stillzulegen, damit sich die Natur dort regenerieren kann. Dann haben die Tiere mehr davon. Und ganz generell meint Schmiedel: „Auch wenn die Anlagen noch so groß sind: In Gefangenschaft degenerieren Bär, Wolf und Luchs. Am liebsten sind sie mir in der Natur."

DIE ALTERNATIVEN BÄRENPARKS

Im Bärenpark Worbis, Thüringen, teilen sich sieben vormals gequälte Bären mit einem Wolfsrudel ein neues Zuhause auf 50 000 Quadratmetern naturbelassener Freianlage. Auf einem Bärenlehrpfad mit über 20 Informationspunkten und interaktiven Elementen lernen Besucher allerlei über Bären. Der Alternative Wolf- und Bärenpark Schwarzwald hält derzeit neun Bären und drei Wölfe auf 100 000 Quadratmeter.
Quelle: baer.de

Action im Alternativen Wolf- und Bärenpark Schwarzwald: Bärin Jurka beobachtet Bär Bodo bei einer Rangelei mit Wölfen.

Wolfstrab über Steine, Stöcke und strudelnde Bäche: Die Alternativen Wolf- und Bärenparks bieten Bedingungen wie in der Natur.

Vorbild Bärenpark: Alternative Anlagen sind so groß, dass Teilbereiche stillgelegt werden können, damit sich die Vegetation dort erholt.

Viele Tierfreunde wollen Bären und andere Wildtiere so nicht mehr sehen.

Es ist zweifelhaft, ob Dressuren mit Bären auf natürlichem Verhalten beruhen.

ZIRKUSBÄREN

Ende einer Ära

Seit Jahrhunderten veranstalten Menschen Zirkus mit Bären. Im römischen Circus Maximus ließ man sie mit Gladiatoren kämpfen, später mussten sie tanzen oder Rollschuh fahren. Heute sehen Tierschützer für Zirkusbären keine Zukunft mehr.

Hundert lebende Bären in einem einzigen römischen Zirkus vereint: Dass das logistisch möglich gewesen sein soll, ist kaum zu glauben. Doch Plinius der Ältere, der in seiner „Naturalis Historiae" Bären auch schon mal andichtet, sie würden sich im Sprung von einem Felsen mit den Tatzen den Kopf halten, ist im Fall der Zirkusbären sehr akkurat. Er nennt nicht nur den Verantwortlichen für das Bärenspektakel, einen Ädil (Beamten) namens „Domitius Ahenobarbus, der unter dem Konsulat des M. Piso und M. Messala stand", sondern hat aus den „Jahrbüchern" auch den genauen Tag vermerkt, den 18. Oktober 61 vor Christus: Das Datum kann wohl als der Tag gelten,

an dem das zivilisierte Rom Hundert Bären, viele andere wilde Tiere und Gladiatoren einem unvorstellbaren Gemetzel auslieferte. Auch das „Bärenreizen" war ein grausames Spektakel. Dabei legte man es ebenfalls darauf an, die Kraft und Wildheit der Bären zu zeigen. Ein angebundener und manchmal geblendeter Bär wurde mit Pfeffer, Stöcken und Hunden gequält. Erst Mitte des 19. Jahrhunderts wurde dieses Spektakel verboten.

Später wurden wandernde Zirkusse modern. Das Publikum ließ sich jetzt nicht mehr mit Quälereien begeistern. Die Menschen staunten über Dompteure, die die Bärenkräfte von Eisbären kontrollierten, oder über Bären, die mit geradezu menschlichem Geschick auf Stelzen liefen oder Motorrad fuhren. Auch dass man die gefährlichen Bären einer gewissen Lächerlichkeit preisgab, indem man ihnen Röckchen anlegte oder Zylinder aufsetzte, kam beim Publikum gut an. Die Halter der Showtiere mussten und müssen sich immer wieder vorwerfen lassen, sie würden tierquälerische Metho-

Die meiste Zeit ihres Lebens verbringen Zirkusbären in Käfigen, die nicht artgerecht sein können. Alle Fotos dieser Seite: Stiftung für Bären (SfB)

den einsetzen: Verabreichung von Drogen, Nichtfüttern, Ausreißen von Zähnen, Schlagen, Knochen brechen. Dompteure, die angeben, seriös zu arbeiten, argumentieren, mit einem geeigneten Tier kämen sie ohne solche Methoden aus. In jedem Fall ist die Unterbringung der Zirkusbären problematisch. Zirkusse sind häufig unterwegs. Auf der Reise, bevor das Lager aufgebaut ist und täglich zwischen den Trainingszeiten, werden die Tiere in Käfigen untergebracht, die sehr wenig Platz bieten. Gesetzlich vorgeschriebene Zirkusleitlinien schreiben Mindestgrößen, ein Badebecken sowie Auslauf vor. Nach Auffassung von Tierschützern werden die Leitlinien – selbst wenn sie eingehalten werden – nicht den Bedürfnissen der Bären gerecht. In vielen Fällen wird Hospitalismus bei Zirkusbären nachgewiesen, also körperliche und psychische Störungen, die als Folge des Eingesperrtseins entstehen.

„Tiere wie Großbären kann man im reisenden Zirkus schlicht nicht artgerecht halten", sagt Cornelie Jäger. Die Landesbeauftragte für Tier-schutz aus dem baden-württembergischen Landwirtschaftsministerium meint jedoch, es bleibe nur begrenzt Handlungsspielraum, da es in Deutschland immer noch nicht verboten ist, Wildtiere im Zirkus auftreten zu lassen. Cornelie Jäger bedauert das, denn nach ihrer Auffassung „gehört die Ära der Zirkusbären längst der Vergangenheit an".

KEINE WILDTIERE IM ZIRKUS

Etliche europäische Länder verbieten es mittlerweile generell, dass Zirkusse Wildtiere mit sich führen. Ein absolutes Verbot wurde bislang von folgenden Ländern erlassen: Belgien, Bulgarien, Bosnien-Herzegowina, Dänemark, Finnland, Griechenland, Großbritannien, Niederlande (für 2014/15 angekündigt), Österreich, Slowenien, Zypern. Weitere Länder haben sich mit Ausnahmeregelungen angeschlossen. *Quelle: Vier Pfoten*

Setzt sich als „Fräulein Brehm" für gefährdete Tierarten ein: Die Schauspielerin Barbara Geiger hat Bär, Wolf und Luchs ihre eigenen Stücke gewidmet.

Prima Kulisse, fundierte Recherche, große Sprache: Das sind die Prädikate, die Besucher „Fräulein Brehm" bescheinigen.
Fotos: Ruthe Zuntz

FRÄULEIN BREHMS TIERLEBEN

Mit Wolf, Bär und Luchs auf der Bühne

Etwas Vergleichbares hat es noch nie gegeben: Eine Schauspielerin schreibt Stücke über und für gefährdete Tierarten und trägt diese in der Sprache von Tierforscher Alfred Brehm vor. Ihre Shows heißen etwa „Ursus arctos – der Braunbär", „Canis lupus – der Wolf" oder „Lynx lynx – der Luchs". Das Publikum staunt, lacht und lernt.

Wer sich Spektakel mit Tieren wünscht, der kriegt es bei Fräulein Brehm, alias Barbara Geiger, geboten. Und zwar artgerecht. Die Berlinerin mit Wurzeln im Bayerischen Wald verzichtet bei ihren Aufführungen auf lebende Tiere, dafür hat sie vor der Bühne links einen Requisitentisch aufgebaut, der so auch in einem Biologie-Klassenzimmer stehen könnte: Verschiedene Tierschädel sind dort arrangiert, ein Paar schwarze Gummihandschuhe und zwei Apothekerfläschchen mit Etiketten in orangener Warnfarbe. Das macht neugierig.

Und bevor das Stück losgehen kann, haben sich am Tisch schon zehn Schulkinder versammelt, die mit ihren Eltern gekommen sind. Barbara Geiger, die die ankommenden Gäste von der Bühne her begrüßt, kommt zu den Kindern herunter. Die blonden Locken hochgesteckt, mit einer grauen Tasche behangen, die Aufbruch signalisiert, lädt sie die Jungen und Mädchen ein, sich die Dinge genauer zu betrachten. Man merkt gleich, das hat System. Barbara Geiger will die Leute wirklich erreichen – und das über die Bühne hinaus.

Zu Beginn ihres Stücks „Ursus arctos" zitiert sie Brehm, Brehm, den deutschen Zoologen aus dem 19. Jahrhundert, und gesteht: „Ich habe mich in Alfred verliebt. Diese wunderschöne Sprache, dieser Luxus in den Formulierungen, das hat mich begeistert", sagt sie. Barbara Geiger berichtet, wie sie sich bei Fachleuten ihr Fachwissen angeeignet hat: In Schweden kroch sie im Rahmen eines Forschungsprojekts in eine Bärenhöhle, um dort Bärendreck für genetische Untersuchungen zu sammeln. Auch das italienische Trentino besuchte sie.

Dort war sie mit Imkern und Schäfern unterwegs, die es mit Bären zu tun bekommen hatten. In Österreich, beim Bärenanwalt Georg Rauer, half sie Haar- und Fotofallen zu kontrollieren, um Bären nachzuweisen. „Das Wissen, das ich vermittle, soll ja präzise sein", definiert Barbara Geiger ihren Anspruch.

Und dann hebt sie mit einem gespielt strengem Hättet-ihr's-gewusst-Blick den Zeigefinger der rechten Hand, während sie links die Replik eines Bärenschädels stemmt, und lässt wieder Brehm ertönen: „Vor Bären sollte man, sofern man dies in Erwägung zu ziehen bemüht ist, lieber nicht davonlaufen wollen. Geraten sie in Aufregung, so können sie tüchtig laufen, indem sie einen absonderlichen, jedoch fördernden Galopp einschlagen, der mitunter einem Rennpferde den Rang abläuft." Das Publikum schmunzelt, kichert, johlt. Der alte Brehm ist es tatsächlich noch wert, dass man ihn zitiert. Barbara Geiger setzt mit ihrem Ausdruck noch eins obendrauf. „Ich bin Schauspielerin und habe eine Freude an Sprache. Und die Sprache Alfred Brehms ist so voller Poesie", schwärmt sie auch nach der Vorstellung noch. „So will ich Interesse und Verständnis für die Natur wecken. Die Leute sollen im Lachen begreifen."

FRÄULEIN BREHM'S TIERLEBEN ...

... ist das einzige Theater weltweit, das sich ausschließlich mit gefährdeten Tierarten auseinandersetzt." Barbara Geiger ist der kreative Kopf hinter dem Projekt. Die Eltern waren mit Wolfsforscher Erik Zimen befreundet. Schon während der Kindheit prägte sie die Nähe des Nationalparks Bayerischer Wald. Später studierte sie Schauspiel in London. „Fräulein Brehm" tourt nicht nur im deutschsprachigen Raum. Mittlerweile gibt es auch italienische und englische Fassungen ihrer Stücke.
Spielplan unter: brehms-tierleben.com

Das Abc des Wildlife-Watching

A: Warum es guttut, Wölfe, Bären und Luchse zu beobachten. **B:** Warum wir's tun sollten. **C:** Wie man's macht und was zu bedenken ist.

A. Wir brauchen Natur und Wildtiere für unsere eigene psychische Gesundheit – das ist wissenschaftlich belegt. Man kann sicher auch beim Schafegucken Glücksgefühle empfinden, aber manchen Menschen sind Schafe einfach zu langweilig. Die großen Carnivoren begeistern mit ihrer Stärke, ihrer Intelligenz, auch mit ihrer potenziellen Gefährlichkeit. Dass es erfüllend sein kann und Freude bereitet, die Großen Drei zu erleben, das belegen die persönlichen Berichte, die in den Länderkapiteln der nächsten Seiten folgen.

B. Forscher weisen darauf hin, dass Wildtiertourismus grundsätzlich für den Schutz der biologischen Vielfalt förderlich sein kann – und das auf unterschiedliche Weise. Eine Studie in der Slowakei zeigt, dass Menschen, die einen Bären gesehen haben, häufiger eine positive Einstellung gegenüber den Bären entwickeln.

Tiertourismus hat außerdem den Effekt, Arbeitsplätze zu schaffen und Einkommen zu generieren. Für viele Kritiker von Wölfen, Bären und Luchsen mag dieses Argument wichtig sein. Da mangelnde Akzeptanz mit der wichtigste Grund ist, weswegen die Großen Drei gefährdet sind, sind wir gefordert, zu lernen, sie zu akzeptieren. Wildlife-Watching kann dabei helfen.

C. Wie schaffe ich es, in der Natur Bär, Luchs oder Wolf zu beobachten? Zugegeben, das ist nicht immer einfach, aber dennoch möglich, so bei Wanderungen in den Abruzzen oder im Norden Griechenlands. Dort gibt es Stellen mit weitem Blick in den Lebensraum der Tiere. Dort kann man mit Fernglas oder Kamera nach ihnen Ausschau halten. Teilweise lassen sich auch mit dem Auto solche Aussichtspunkte anfahren. Im Nordwesten Spaniens hat man so beste Chancen auf Wölfe, im Süden bei Andujar auf Luchse. In vielen Ländern zwischen Bulgarien und Finnland bieten Veranstalter an, Bären und Wölfe von einem Versteck aus zu beobachten. Die Tiere werden mit Futter angelockt. Vor allem nachts im Mondlicht oder während der langen Dämmerung zur Zeit der Sommersonnenwende in den nördlichen Ländern ist dann Gelegenheit, die Tiere zu beobachten.

Und die Wildtiere erleben heißt ja nicht nur, die Tiere direkt zu beobachten. Oder um es mit dem Paul Mansfield von der englischen Zeitung Telegraph zu sagen: „Der halbe Spaß bei solchen Trips ist nicht das Finden, sondern das Suchen." Auch Spuren zu entdecken und zu interpretieren oder nach den Stimmen zu lauschen ist ein tolles Erlebnis.

Die Gefahr besteht, dass man beim Beobachten und Erleben die Tiere auch stört. Im rumänischen Naturpark Bucegi fütterten Hüttenwarte Bären an. In kurzer Zeit lernten die Tiere aus der Hand zu fressen – und dann Lebensmittelspeicher zu zerstören und Leute zu gefährden. Beobachter können aber auch einfach dadurch stören, dass sie da sind. Wolfsführer Stephan Kaasche in der Lausitz hat sich daher vorgenommen, „nur Spuren auszuwerten, die unmittelbar an und auf den von uns befahrenen öffentlichen Wegen liegen". Sind die Spuren sehr frisch, geht er sie in entgegengesetzter Laufrichtung.

BEOBACHTUNGSHÜTTEN PROBLEMATISCH?

Tierschützer warnen davor, dass sich Wölfe und Bären an den Futterstellen der Beobachtungshütten an Gerüche gewöhnen. Das könnte sie an anderen Stellen ungewollt in die Nähe von Menschen führen. Untersuchungen der Biotechnischen Fakultät an der Universität Ljubljana an Bären, die Sendehalsbänder trugen, zeigten, dass nur knapp sieben Prozent aller Ortungen an Futterstellen stattfanden. Die Stellen sind demnach keine Orte, an denen sich die Tiere ständig aufhalten. Beweise dafür, dass angefütterte Bären zu Problemtieren würden, konnten die Forscher nicht finden. *Quelle: Taz*

Wo die Beute steht, stehen die Chancen nicht schlecht, auch auf den Beutegreifer zu treffen. Foto: Zsombor Károlyi

Keine Störung: Beobachtung über Täler hinweg. Foto: EuropesBig5

Kriegt nicht mit, dass er im Fokus steht. Foto: José Antonío Garcia Fernández 77

DIE GROSSEN DREI FOTOGRAFIEREN

Für bärenstarke Bilder

Von den drei Arten sind Bären am einfachsten zu fotografieren. Sie kommen häufiger an Fotoverstecke und halten sich zum Fressen auch in offenem Gelände auf. Wölfe erwischt man auf große Distanz auf Freiflächen am ehesten. Bei Luchsen hat sich die Fotofalle bewährt.

An die Verstecke mit Futterstellen kommen Bären und auch Wölfe teils sehr nahe heran. Mit einem Zoom-Objektiv 70 bis 200 erzielt man hier gute Ergebnisse. Aber auch viele andere Brennweiten lassen sich gut einsetzen. Stative sind meist nicht nötig, weil man die Kameras auflegen kann. Sehr professionell arbeitende Firmen bieten mehrere Fotoverstecke im selben Gebiet an, damit man verschiedene Kulissen nutzen kann. Im Norden hat man den Vorteil der längeren Tage. Vor allem nördlich des Polarkreises kann es 24 Stunden am Tag hell sein. Tierfotografen kommen dann besser zu zweit: Einer ruht, einer wacht. Wer allein ist, muss befürchten, wegen Übermü-

dung den Auftritt der Stars zu verpassen. Obwohl die Tiere an den Beobachtungshütten nicht besonders scheu sind, sollte man sich nur flüsternd unterhalten. Schon das Geräusch, das beim Wechseln eines Objektivs entsteht, kann genügen, um einen Bären zu verschrecken.

Spiegelreflexkameras mit großem Sensor (teuer!) bieten den Vorteil, dass man gerade bei schlechten Lichtverhältnissen die ISO-Automatik voll ausreizen kann und man dann immer noch brauchbare Bilder bekommt. In Kombination mit lichtstarken Objektiven ist auch die große Auflösung ein Plus: Bildausschnitte sind eher verwertbar. Spiegelreflexkameras mit kleinem Sensor (günstiger!) können beim Fotografieren über große Distanzen besser sein, weil in Verbindung mit einem Tele der Vergrößerungsfaktor stärker ausfällt, sprich: Weit Entferntes bildet sich größer ab. Ein Nachteil bei den Kameras mit kleinem Sensor: Das Fotografieren mit hohen ISO-Werten in der Dämmerung ist manchmal nicht befriedigend. Wer die Großen Drei auf große Distanz dokumentieren möchte, hat zwei Möglichkeiten.

Herbstschmuck: Mit großen Brennweiten (600 mm) holt man Details ran.

Insekt auf Barthaar: Kameras mit großem Sensor lassen Vergrößerungen zu.

Die erste Wahl ist eine Kamera mit langer Brennweite (600 mm). Leider hat solch eine Ausrüstung den Wert eines Kleinwagens. Gebrauchte, manuelle 600er-Objektive tun es aber auch, weil auf große Distanzen die Schärfe nicht ständig angepasst werden muss.

Eine kostengünstigere Alternative bietet die Digiskopie. Dazu werden Spektive eingesetzt (Fernrohr zum Durchgucken mit einem Auge), die man mittels Adapter mit einer Digitalkamera kombiniert. Vorteil: Die Ausrüstung ist viel leichter und kompakter. Bildqualität und Handhabung sind trotzdem akzeptabel.

Wer den Nordluchs dokumentieren möchte, hat mit einer Wildkamera die besten Chancen. Diese Kameras funktionieren auf Basis von Bewegungsmeldern. Sie ziehen nur sehr wenig Strom. Theoretisch kann man sie monatelang allein im Wald aufgebaut lassen. Nicht jedermann ist damit einverstanden. Im Zweifel spricht man sich mit dem Förster, Jagdpächter oder Tourveranstalter vorher ab.

LEISE-FOTOGRAFIE IM Q-MODUS

Beim Fotografieren von scheuen Tieren auf kurze Distanz kann es wertvoll sein, wenn die Kamera einen Quiet-Modus hat. Im Q-Modus klappt der Spiegel erst zurück, wenn man den Auslöser loslässt. Das Spiegelklappgeräusch wird zwar nicht wirklich leiser, kann aber in zwei Phasen aufgeteilt werden. Dazu drückt man den Auslöser, hält ihn gedrückt, nimmt die Kamera herunter und lässt den Auslöser erst los, wenn man die Kamera zwischen den Beinen oder an den Bauch mit dicker Jacke gepresst hält. Das Geräusch des zurückklappenden Spiegels wird auf diese Weise gedämpft.

Die Kameras werden an bekannten Wechseln aufgestellt. Als Faustregel gilt, dass Luchse innerhalb von 15 bis 30 Tagen die meisten Teile ihres Jagdreviers aufsuchen – und das auf den gleichen Wegen.

24 Stunden Licht: Nördlich des Polarkreises gibt es Extrastunden für die Wildtierfotografie. Foto: Petra Wiedemann

Mitteleuropa

Ist da noch Platz? Können die großen Carnivoren in den dicht besiedelten Regionen zwischen Hamburg, Warschau und Bratislava ein Auskommen haben? Die Antwort zeigen uns die Tiere teilweise selbst: Zum einen gibt es auch in Mitteleuropa dünnbesiedelte Gebiete, die wie im Fall der Tatra und des Harzes bereits Rückzugsräume darstellen. Bereiche wie der bayerisch-böhmische Wald, die Nordalpen und der Schwarzwald warten mit viel Potenzial auf. Dort können sich die Tiere noch Lebensraum erschließen. Zum anderen zeigen uns die Wölfe der „mitteleuropäischen Flachlandpopulation", dass sie auch in den Kulturlandschaften außerhalb der Gebirge sehr gut zurechtkommen.

DEUTSCHLAND

Wieder Wald mit Seele

Für viele stehen „Deutschlands wilde Wälder" nicht mehr für das, was sie einmal waren. Es fehlt an Urigkeit und Ruhe. „Forstautobahnen", Großmaschineneinsatz und Waldschneisen für den Holzabtransport im Abstand von 20 Metern trüben den Naturgenuss. Aber es gibt auch Lichtblicke. Seit 1970 wurden bislang 15 Nationalparks gegründet, die zum Teil Wälder in ihrer ursprünglichen Form erfahrbar machen. In den Wäldern der Nationalparks Bayerischer Wald und Harz kann man außerdem auf die Spuren des Luchses stoßen. In anderen Waldgebieten hört man wieder Wölfe heulen. Wo sich Luchs und Wolf einstellen, bereichern sie die Lebensräume und geben unseren Wäldern ihre Seele zurück. Foto: Vera Faupel

LUCHS, WOLF UND BÄR IN DEUTSCHLAND

Großer Hype, kleine Horden

Anfang der 1990er-Jahre kam der Luchs wieder, 2000 der Wolf, 2006 Bruno. Seit diesen Zeiten machen Medien und Marketingleute viel Aufhebens um die drei Arten. Doch erst jetzt kommen die Populationen von Luchs und Wolf auf Trab.

In der öffentlichen Wahrnehmung scheint der Luchs bereits hordenweise durch deutsche Wälder zu springen. Geschrieben wurde und wird über Vorkommen im Bayerischen Wald, im Harz, im Pfälzer Wald, im Schwarzwald, an der Donau, im Fichtelgebirge, im Frankenwald, im Erzgebirge, Odenwald, Spessart, Taunus, am Vogelsberg und in der Eifel. Die Wildbiologin Petra Kaczensky macht in einem Beitrag zum Status der großen Carnivoren in Europa jedoch klar, dass tatsächlich nur zwei Populationen bestehen, eine im Bayerischen Wald (zwölf Tiere sicher bestätigt), die andere im Harz (elf Tiere). Sybille Wölfl vom Luchsprojekt Bayern geht im Bayerischen Wald von Stagnation oder sogar von Rückgang aus. Vermutlich sind die vielen Hundert Sichtungen außerhalb des Bayerischen Walds und des Harzes auf einige wenige Einzeltiere zurückzuführen. Das bewirkt Mehrfachzählungen und eine „Überbewertung" der Gesamtzahlen.

Nach Prognosen des Carnivorenexperten Felix Knauer könnten in Deutschland außerhalb der Alpen bis zu 663 Luchse ein Auskommen haben – wenn man sie denn ließe. Biologen gehen davon aus, dass illegale Tötungen die Ausbreitung verhindern. Dabei spricht sich die Mehrzahl der Deutschen für die Rückkehr der Pinselohren aus. Die Jäger sind sich uneins: Während manche Luchs und Wolf als Bereicherung sehen, wollen andere nicht hinnehmen, dass die Beutegreifer den Wert ihrer Jagdreviere mindern.

Aus dem Harz hört man mittlerweile, dass die Luchse sich ausbreiten. Gegenüber spiegel-online äußerte sich Ole Anders, Leiter des Harzer Luchsprojekts: „Unsere Population zeigt eine deutliche Expansionstendenz." Im Mai 2014 hat die Europäische Kommission die Wiederansiedlung von Luchsen im Pfälzerwald in ihr LIFE-Programm aufgenommen. In einem der größten zusammenhängenden Waldgebiete Deutschlands soll also eine dritte Luchspopulation entstehen. Das sind Lichtblicke.

Wölfe in Deutschland

Die ersten Jungtiere nach mehr als Hundert Jahren wurden im Jahr 2000 in Sachsen an der deutsch-polnischen Grenze dokumentiert. Von dort breiteten sich die Wölfe nach Nordwesten aus. Das derzeit größte geschlossene Vorkommensgebiet liegt in der Lausitz. 2012 gab es erstmals Nachwuchs in Niedersachsen, südlich von Hamburg, darüber hinaus etliche weitere Einzelnachweise. Die vergleichsweise noch immer kleine Population wächst schnell: von einem Rudel im Jahr 2000 zu 27 Rudeln oder Paaren 2014 – die Chance, sie bei einer Wolferkundungstour zu sehen, wächst damit ebenfalls!

BEREIT FÜR DEN NÄCHSTEN BRUNO?

Seit Bruno, 2006, wurde in Deutschland kein Bär mehr gesichtet. Lebensraum für Bären in Deutschland wäre etwa in den Alpen sowie im Bayerischen Wald vorhanden. Zurzeit gibt es keine Anstrengungen, Bären dort anzusiedeln. Da die Österreicher ihre seit 1989 zunächst erfolgreich angesiedelte Bärenpopulation inzwischen wieder ausgerottet haben, ist aus dieser Richtung nicht mit Nachschub für Deutschland zu rechnen. Derzeit ist die Trentino-Population in den italienischen Alpen das wahrscheinlichste Quellgebiet für mögliche Einwanderer nach Deutschland.

Seltener Anblick: ausgelassenes Spiel mit der Beute. In ganz Deutschland sind nur rund 20 Luchse sicher bestätigt. Foto: Vera Faupel

Der Schauspieler und Bruno: Hannes Jaenicke betrachtet das Präparat des ersten Bären der nach 170 Jahren Ausrottung in Deutschland zugewandert war. Foto: SfB

WÖLFE ERLEBEN

Mit dem Fahrrad und zu Fuß zu den Wölfen

Sie meiden Menschen. Sie in freier Wildbahn zu beobachten, ist deshalb schwierig. Dennoch lohnt sich ein Besuch in der Lausitz: Auf Radtouren oder Wolfswanderungen kann man ihren Lebensraum kennenlernen, auf Experten treffen und Spuren entdecken.

Der Wolfsradweg

Seit 2008 gibt es in der Oberlausitz die Möglichkeit, den Lebensraum der Wölfe vom Drahtesel aus zu erkunden. Schon gleich am Start bei Nochten wird klar: Das Lausitzer Wolfsland ist keine Wildnis. Da gibt's den Findlingspark Nochten zu bestaunen – ursprünglich ein Haufen Steine aus der Eiszeit, die heutzutage die Kulisse für eine „kunstvoll angelegte Gartenwelt" bilden. Im Hintergrund: der Braunkohletagebau Nochten, die Silhouette des Großkraftwerks Boxberg; davor die Barockkirche des Örtchens Nochten – wo man noch im 18. Jahrhundert auf dem Dorfplatz erlegte Wölfe an einem Galgen zur Schau stellte.

Auf der Strecke bis nach Rothenburg/Steinbach, die durch eine grüne Wolfstatze gekennzeichnet ist, liegen noch viele Örtchen, Höfe und ein Schloss. Zur Mosaiklandschaft der Lausitz zählen außerdem

Heide, Kiefernwälder, Seen und noch mehr Tagebau. Entlang der Route erfährt man auf Infotafeln Wissenswertes über den Wolf. Auf halber Strecke liegt das Museumsdorf Erlichthof mit einer sehenswerten Wolfsausstellung in der Wolfsscheune und dem Kontaktbüro „Wolfsregion Lausitz", der offiziellen Informationsstelle zum Thema Wolf im Freistaat Sachsen.

Die Wahrscheinlichkeit, einen Lausitzer Wolf vom Sattel aus zu sehen, wird auch durch die Wahl eines Drahtesels Marke „Steppenwolf" nicht größer. Die Tour an sich lohnt trotzdem. Wer sie unter die Pedale nimmt, erlebt ganz einfach, dass das vermeintliche Wildnistier Wolf auch in einer Kulturlandschaft sein Auskommen hat.

Wolfswanderungen

Verschiedene Anbieter laden dazu ein, sich die Welt der Wölfe zu erwandern und dabei die Arbeit von Wolfsbiologen kennenzulernen. Eine Erkundung zu Fuß schärft den Blick für Details. Meist geht es in kleinen Gruppen ins Gebiet. Die Informationen zu den Lausitzer Wölfen kommen aus erster Hand, denn die Führer leben seit vielen Jahren dort. Mit Glück kann man auf diesen Touren auch Wölfe heulen hören oder sie sogar beobachten. Die Anbieter räumen allerdings ein, dass solche Begegnungen eher seltene Zufälle sind. Sie legen auch Wert darauf, dass sie nicht erzwungen werden. Bei „Wolflandtours" etwa heißt es: „Jedwede Manipulation von frei lebenden Wölfen ist gegen unsere Überzeugung." Und weiter: „Der Respekt vor den Wildtieren steht an erster Stelle."

Doch „selten zu beobachten" heißt nicht nie. Und so kann man etwa bei Stephan Kaasche – wolfswandern.de – lesen: „Mittags, halb zwölf in Deutschland: Habe eine Exkursion im Nochtener Wolfsrevier geführt. Wir hatten Glück und sahen drei Wölfe, die über den Hermannsdorfer Radweg kreuzten. Adelheid sah den ersten, dann wechselten nacheinander der zweite und ein paar Sekunden später der dritte Wolf über den Weg. Sie blieben jeweils für einen Moment stehen und sahen in unsere Richtung, dann liefen sie weiter. Faszination pur!" [QR 6]

MEHR UND MEHR BESUCHER

Die Zahl der Touristen, die wegen der Wölfe in die Region Lausitz kommen, ist im Lauf der Jahre größer geworden. Diese Region bekommt damit immer mehr Aufmerksamkeit. Das Kontaktbüro Wolfsregion Lausitz führt jährlich mehr als zweihundert Vortragsveranstaltungen durch, teilweise in Kombination mit Spurenexkursionen. Rund 5000 Personen pro Jahr besuchen mittlerweile diese Veranstaltungen. Davon profitiert wiederum das Gast- und Übernachtungsgewerbe, was sich positiv auf die Einstellung der Bevölkerung gegenüber dem Wolf auswirkt.
Quelle: wolfsregion-lausitz.de

Im Bereich der ehemaligen Braunkohletagebau-Gebiete der Lausitz haben Wölfe in Deutschland ein Auskommen. Foto: Sebastian Koerner

Wolfswanderung mit dem „Kontaktbüro Wolfsregion Lausitz". Foto: J. Onkon

Fünf Welpen, ein Jährling: viel Nachwuchs in der Lausitz. Foto: Sebastian Koerner

POLEN

Mit Herz für große Tiere

Die Polen waren die Ersten – und lange Zeit die Einzigen – die in Zentraleuropa dafür sorgten, dass der Wisent in der Natur überleben konnte. Im Białowieża-Nationalpark an der Grenze zu Weißrussland, der den letzten Tieflandurwald Europas schützt, überlebten neben den Wisenten auch Elche, Wölfe und Luchse. Auch in anderen Teilen des großen Landes gelang es, Rückzugsräume zu erhalten. Während die polnischen Bären in den Karpaten noch auf ihr Comeback warten, lässt man die Wölfe sich weiter ausbreiten. Die Luchse durften sich im Osten etablieren – wo heute einmalige Begegnungen möglich sind. Foto: Vera Faupel

WOLF, BÄR UND LUCHS IN POLEN

Wölfe stürmen nach Westen

In Polen gibt es derzeit etwa achtzig Bären. Sie leben nur in den Karpaten in der Südostecke des Landes, entlang der Grenze mit der Slowakei und der Ukraine. In Polen sind Braunbären seit 1952 geschützt. Bären verursachen Schäden an Vieh und Bienenstöcken. Regionale Umweltschutzbehörden stellen den Bauern daher elektrische Zäune und bärensichere Müllbehälter zur Verfügung. Die polnischen Bären sind durch den Bau von Straßen, Häusern – auch Wochenendhäusern – und Skigebieten bedroht. Zuzug aus der Slowakei wäre wichtig. Wegen der Abschüsse jenseits der Grenze erreichen Polen jedoch nicht so viele Bären, wie sich Wildbiologen wünschen.

Der Luchs ist seit 1995 in Polen geschützt. Die rund 200 polnischen Luchse kommen hauptsächlich in den Karpaten und in den großen Wäldern im Nordosten und Osten vor. Außerdem gibt es im Kampinoska-Wald in Zentralpolen eine kleine angesiedelte Population. Im Westen ist noch Luchslebensraum vorhanden, der besiedelt werden könnte. Schäden an Vieh und entsprechende Kosten für Kompensationen sind „zu vernachlässigen". Bedroht sind die polnischen Luchse, weil ihr Lebensraum zerstückelt wird, Korridore zerschnitten und Wälder aufgeräumt werden (kein liegendes Totholz, keine Strauchschicht unter den Bäumen). Ihre Beutetiere werden nach Meinung von Forschern überjagt. Luchse sterben auf der Straße und durch Wilderer. Von den drei Arten kommt in Polen der Wolf am häufigsten vor. Er ist auch am weitesten verbreitet. Rund 600 Wölfe verteilen sich über das ganze Land, wobei der Schwerpunkt der Verbreitung, wie bei den Luchsen, in den Karpaten und im Osten liegt. Der Westen des Landes wird gegenwärtig von den Wölfen erschlossen, wobei die Population auch von einem Austausch mit den deutschen Wölfen profitiert.

Polnische Wölfe fressen zu 97 Prozent wilde Huftiere. Nutztiere machen nur 1 bis 3 Prozent der Wolfsnahrung aus. Und weniger als die Hälfte der Wölfe rühren überhaupt Nutztiere an. Allerdings machen die „bis-3-Prozent" in absoluten Zahlen rund tausend getötete Tiere aus – überwiegend Schafe. Das Kompensationssystem funktioniert in Polen sehr gut. Im Schnitt werden knapp 100 000 Euro pro Jahr ausgezahlt. Regionalbehörden und NGOs rüsten die Bauern mit Elektrozäunen und Hütehunden aus. Konflikte gibt es dort, wo Schäden neu auftreten oder sich wiederholen. Der Wolf ist in Polen seit 1998 geschützt und wird nicht gejagt. Bei sich wiederholenden Schäden gibt es jedoch Sondergenehmigungen für Abschüsse. Zwischen 2000 und 2011 wurden diese zwanzig Mal für dreiundvierzig Wölfe erteilt. Neun wurden erlegt. Aufgrund dieser Situation fordern polnische Jäger, Wölfe wieder zu den jagdbaren Tieren zu erklären.

DER LUCHS ALS BEUTE DES WOLFS

Wölfe jagen Luchse. Das ist belegt. Das Bild der Räuber-Beute-Beziehung der beiden Arten lässt sich jedoch nicht klar zeichnen. Forschungen aus Russland belegen: Nehmen die Wölfe zu, werden Luchse weniger. In Ostpolen bietet sich ein anderes Bild: Dort zählte man wegen Isegrim nicht weniger Luchse. Der Grund für die unterschiedlichen Ergebnisse könnte am Lebensraum liegen: Ostpolen, mit seinen Mittelgebirgen, ist reicher strukturiert als die russische Taiga. Möglicherweise entkommen die „geländegängigen Luchse in den Bergen eher den Wölfen.
Quelle: Der Luchs – Die Rückkehr der Pinselohren

Ausgelassenes Spiel: Im Osten Polens ist dies möglich. Foto: Vera Faupel

Wohlfühlen: ginge auch im Westen. Dort fände der Luchs noch Platz.

Die Bieszczady-Berge in der Südostecke Polens: Heimat von Bär, Wolf, Luchs und Wisent. Foto: Pieter-Jan D'Hondt/EuropesBig5

DEN LUCHS ERLEBEN

Den Großen-Carnivoren-Thrill gespürt

Im Februar 2013 sind vier junge Belgier in der Bieszczady, im äußersten Südosten Polens, unterwegs. Auf den Spuren eines Luchses machen Pieter-Jan D'Hondt von „Europe's Big 5" und seine Freunde eine fast unmögliche Entdeckung, von der viele Wildbiologen nur träumen.

Luchs Tag 1: Wir parken das Auto in einem ruhigen Tal und starten unsere Abendsuche. Nach einer Weile entdecken wir drei Rehe. Während wir sie beobachten, zerreißt plötzlich ein Bellen die winterliche Ruhe im Wald. Es ist der typische Alarmruf eines Rehs. Ein lauter Schrei folgt. Ganz schön gruselig! Die Rehe drehen ihren Kopf in die Richtung, wo sich die Szene abspielen muss. Sie erschrecken und flüchten.

Da muss ein aktiver Beutegreifer in allernächster Nähe sein. Wir beschließen, nicht weiterzupirschen, sondern in unserer Spur in Richtung des Schreis zurückzugehen. Kurz darauf entdecken wir im frischen Schnee Pfotenabdrücke eines Luchses. Diese Schritte sind neu! Sie waren auf dem Hinweg noch nicht da gewesen!! Adrenalin!!! Wir folgen der Spur – und entdecken einen frischen Kill: ein Rehbock, noch warm; das Blut rinnt ihm aus zwei kleinen Einstichen am Hals. Die Spuren gehen durcheinander, und es gelingt uns nicht, den Luchs zu Gesicht zu bekommen. Bald ist es zu dunkel, um noch weitersuchen zu können, also gehen wir zurück zum Auto. Und noch einmal finden wir frische Luchsspuren, die teils auf unseren alten Spuren verlaufen. Das kann nur bedeuten, dass der Luchs uns die ganze Zeit beobachtet hat und nicht wir ihn. Nicht zu fassen, was für ein tolles Gefühl! Hier ist kein scheuer Luchs unterwegs, der sofort flüchtet, weil wir ihm versehentlich zu nahe kamen. Der schlaue Prädator hat unbemerkt den Tatort „abgesteckt" und ist um uns herumgekreist. Er muss so dicht bei uns gewesen sein! Und wir konnten ihn nicht sehen! Das ist ein echter Waldgeist! [QR 7]

Luchs Tag 2: Wir entdecken ein zweites getötetes Reh, nur ein paar Hundert Meter von der ersten Stelle entfernt. Gut möglich, dass es derselbe Luchs war.

Wir positionieren uns an einer Stelle, wo wir das Reh gut einsehen können, aber wieder bekommen wir nichts von einem Feliden zu sehen, weder am Morgen noch am Abend. Als die Dämmerung vollends zur Nacht wird, gehen wir zurück – und stolpern noch einmal über Luchsspuren, keine 20 Meter entfernt von der Stelle, an der wir standen. Es ist schon ein bisschen frustrierend, wieder nur die Pfotenabdrücke im Schnee zu sehen. Wir sind atemlos, überrascht und ein wenig verwirrt: Es wird klar, dass der Luchs noch einmal uns Menschen gefolgt ist und nicht andersherum. Irgendwie ist das auch großartig: tolle Gegend, wilde Natur.

Nie zuvor haben wir ein so schönes und ursprüngliches Gebiet wie die Bieszczady erkundet – mit so viel Beutegreiferaktivität, wahrgenommen als Spuren im Schnee. Auch wenn es für einen direkten Anblick nicht gereicht hat, wir fühlen uns sehr privilegiert, dass wir so nah an einem Luchs dran waren. Wir haben den Großen-Carnivoren-Thrill gespürt!

GEDULDIGE LUCHSE

Aggressives Verhalten gegenüber Menschen ist bei wild lebenden Luchsen nicht bekannt. Das gilt sogar für Luchsmütter, wenn sich Forscher den Jungen nähern. Meist zieht sich die Luchsin zurück. Bleibt sie in der Nähe, greift sie nicht an. Bei Hunden tut sie dies sehr wohl. Sind die Biologen mit ihrer Arbeit fertig, kehrt die Luchsin zu ihren Jungen zurück.
Quelle: Der Luchs – Ein Großraubtier in der Kulturlandschaft

In weiße Wintertarnanzüge gekleidet, halten Expeditionsteilnehmer von Europes-Big5 mit Spektiven Ausschau nach wilden Tieren.

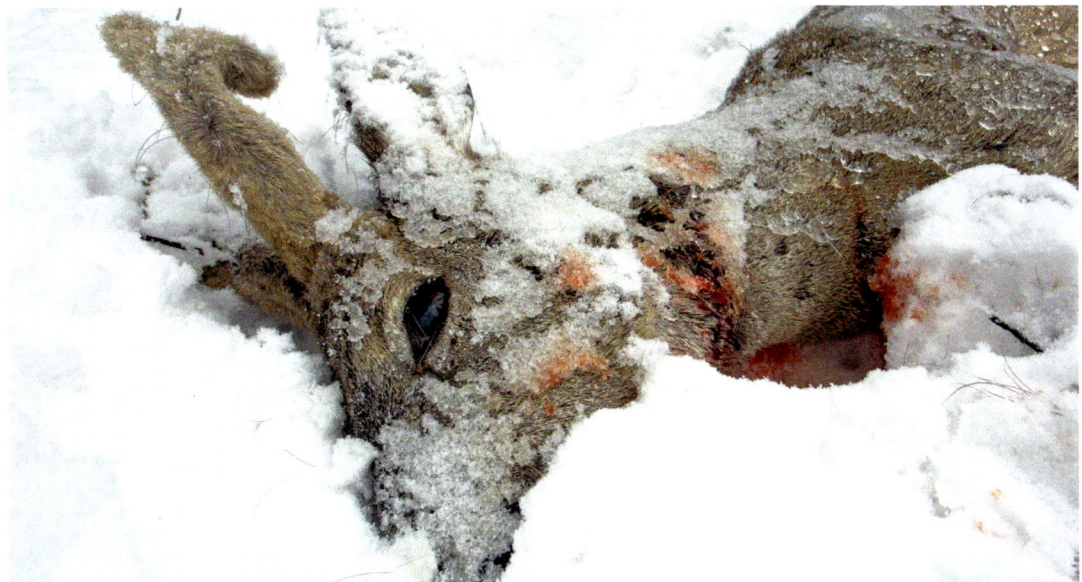

Ein fast unglaubliches Ereignis: In nächster Nähe zu den Naturbeobachtern tötet ein Luchs einen Rehbock mit einem Biss in den Hals.

Auch wenn sich der „Waldgeist" nicht zeigte, freut sich die EuropesBig5-Truppe über das, was sie erlebt hat. Alle Fotos: Pieter-Jan D'Hondt/ EuropesBig5

Im Mutterland der Luchse

Die Slowakei gilt als das Mutterland vieler in Europa ausgewilderter Luchse. Ab 1970 wurden Karpatenluchse in Deutschland, der Schweiz, Italien, Slowenien, Österreich, Frankreich und Tschechien angesiedelt. Heute macht das Gebirgsland Slowakei den Alpenländern Schweiz, Österreich und Deutschland vor, wie Mensch und die Großen Drei koexistieren können: rund tausend Bären, 300 bis 400 Luchse und Hunderte Wölfe durchstreifen die slowakischen Karpaten. Das ist mitteleuropäischer Rekord! – und bietet uns beste Chancen, die Tiere zu erleben.

Eiskristalle im Bart: Einer von bis zu 400 slowakischen Luchsen. Foto: Tomas Hulik

Wieder bis zu 1100 Bären, weil die slowa-kischen Jäger ihre Jagd heute überwiegend nachhaltig organisieren.

Abendstimmung im Nationalpark Große Fatra. In dem slowakischen Mittelgebirge haben die Großen Drei bis heute überlebt. Foto: Tomas Hulik

Einer von 200 oder 1800 Wölfen? Wie in anderen Ländern kritisiert man auch in der Slowakei die Zählmethoden.

WOLF, BÄR UND LUCHS IN DER SLOWAKEI

Gute Lage mit Luft nach oben

Die slowakischen Bären haben sich sehr gut erholt: von einem Tiefstpunkt in den 1930er-Jahren mit nur noch zwanzig bis sechzig Bären zum aktuellen Stand (2011) von 800 bis 1100 Tieren. In der Slowakei ist es gelungen, die Jagd, die ursprünglich für den starken Rückgang der Bärenzahlen verantwortlich war, heute so zu organisieren, dass sie überwiegend nachhaltig ist. Früher wurden insgesamt zu viele Tiere geschossen. Außerdem erlegten Jäger zu viele männliche Bären, was sich negativ auf die Altersstruktur der Population auswirkte. Seit 1994 ist die Jagd stark reglementiert. So schreibt der Jagdplan beispielsweise vor, dass nur Bären unter 100 Kilogramm erlegt werden dürfen. Auch die Frühlingsjagd wurde verboten, um den Nachwuchs nicht zu gefährden. Das Verbreitungsgebiet hält sich stabil.

Beim slowakischen Luchs sieht es ebenfalls gut aus. 300 bis 400 Tiere wurden ermittelt (Stand 2012), die sich in den Bergregionen – im Zentrum des Landes und den nördlichen Teilen – eingerichtet haben. Die Tiefländer im Westen und Südosten werden nicht besiedelt. Der Wolf zeigt in etwa die gleiche Verbreitung wie der Luchs.

Er hat sich auf 40 Prozent der Landesfläche ausgebreitet. Die Zählmethoden für die Ermittlung der Wolfszahlen werden allerdings infrage gestellt. Die Angaben schwanken zwischen 1823 und 200 Tieren (2010). Der slowakische Wolf gehört zum jagdbaren Wild. Die zweieinhalbmonatige Jagdsaison wird mit einer festgelegten Quote kombiniert. So erlaubte das Landwirtschaftsministerium 2012 den Abschuss von 130 Wölfen. Damit ist die legale Jagd die bedeutendste Todesursache. Hinzu kommen Wilderei und die Verschlechterung der Lebensräume etwa durch Straßenbau. Der Entwicklungstrend der slowakischen Population ist nicht klar, weil nicht sicher ist, wie viele Wölfe es überhaupt gibt (siehe oben). Seit 2003 erhalten die Eigentümer Kompensationszahlungen, wenn Nutztiere an die Wölfe verloren gehen. 2010 ersetzte man 500 Stück Vieh im Wert von 16 000 Euro. In zwei Gebieten, in denen Wölfe das ganze Jahr über geschützt sind, werden auch Jäger für den Verlust an wilden Huftieren entschädigt. NGO-Mitarbeiter unterstützen Bauern beim Schutz ihres Viehs (siehe Kasten).

WOLF & CO SCHÜTZEN, DEN BAUERN HELFEN

Die Slowak Wildlife Society (SWS) ist eine gemeinnützige Organisation, die sich Bär, Wolf und Luchs verschrieben hat. Ziel ist es, nachhaltige Lösungen zu finden, damit die drei Arten langfristig überleben können. Dafür erforschen SWS-Mitarbeiter das Leben von Luchs, Wolf und Bär. Seit 2000 helfen sie auch den ortsansässigen Bauern, ihr Vieh zu schützen – mit Hütehunden, Elektrozäunen und bärensicheren Mülleimern. Außerdem organisieren sie „Wildlife Holidays" und Naturschutzferien".
slovakwildlife.org

Auf dem Sprung: Nicht nur dieser slowakische Luchs, sondern auch die „Umweltschutzurlauber" von Biosphere Expeditions. Luchsfotos: Tomas Hulik

Haarprobe nehmen: Nur einer von vielen Jobs der Mitarbeiter. Foto: Matthias Hammer

Selten wird ein Luchs gesehen, aber wenn, fühlt es sich an wie eine Belohnung.

BIOSPHERE EXPEDITIONS

Sich in der Forschung engagieren und mit einem Anblick belohnen

Die Expeditionsteilnehmer sind mit Schneeschuhen in den Karpaten unterwegs. Durch tiefen Schnee, Kälte und eine ursprüngliche Landschaft zu stapfen, ist Teil ihrer Arbeit. Die Teilnehmer von Biosphere Expeditions werden manchmal „Umweltschutzurlauber" genannt.

„Expeditionsmitarbeiter" ist vielleicht die treffendere Bezeichnung. Denn die Teilnehmer, die aus der ganzen Welt kommen, arbeiten tatsächlich: Sie kontrollieren automatische Wildkameras, suchen systematisch Spuren, sammeln Haare, Urin oder Kot. Oder sie sind mit Antenne und Empfänger ausgerüstet, um einen Luchs mit Senderhalsband zu orten.

Und die Teilnehmer arbeiten sogar hart: Bis zu zehn Kilometer am Tag, eine Woche lang, sind die Volontäre in Dreier- oder Vierergruppen zusammen mit den Wissenschaftlern unterwegs, manchmal bei Temperaturen unter zehn Grad. Trotz oder wegen der Arbeit engagieren sich die Mitarbeiter sehr gern. Sie wollen draußen sein, Natur erleben und etwas für den Naturschutz tun. Dass sie mit Leidenschaft dabei sind, dass sie überhaupt dabei sind, ist wichtig. Ohne sie wäre die in der Feldforschung benötigte Manpower nicht zu finanzieren.

Die gesammelten Daten geben Aufschluss darüber, welche und wie viele Wölfe, Bären und Luchse im Gebiet unterwegs sind. Diese Angaben sind dringend notwendig, etwa um ermitteln zu können, wie viel Reduktion die hiesige Wolfspopulation verträgt. In der Slowakei, wo Wölfe offiziell bejagt werden dürfen, wurden die Bestandszahlen bislang auf unterschiedlichen Wegen ermittelt. Bei den Erhebungen entstanden Differenzen von fast 1000 Prozent! (Siehe vorhergehende Seite.) Werden jedoch die Abschusszahlen zu hoch angesetzt, gefährdet dies die Wolfspopulation.

Mit diesem Wissen im Kopf und sieben Tagen Schneeschuhwandern in den Beinen ist es ein bewegender Augenblick, wenn die Tourteilnehmer draußen auch einmal Sichtkontakt zu den Wölfen bekommen. Laut Expeditionsleiterin Malika Fettak kann es sich sogar anfühlen „wie eine Belohnung".

FORSCHUNG FÜR ALLE

Die von dem deutschen Biologen Matthias Hammer gegründete Organisation Biosphere Expeditions führt Naturschutzexpeditionen auf der ganzen Welt durch – auch in die slowakischen Karpaten. Die Projekte sind Forschungsunternehmen, bei denen Teilnehmer ohne wissenschaftlichen Hintergrund Forscher bei ihrer Arbeit unterstützen. Spezielle Fähigkeiten sind nicht erforderlich. Die Teilnehmer kommen aus den unterschiedlichsten Bereichen. Es verbindet sie die Suche nach Naturabenteuer und sinnvoller Beschäftigung. *biosphere-expeditions.org*

Südeuropa

Luchse im Olivenhain? Wölfe am Mittelmeerstrand? Möglich wäre das. Doch heutzutage konzentrieren sich auch die großen Carnivoren der südlichen Länder meist auf die Hochgebirge: die südlichen Alpen, das Kantabrische Gebirge in Nordspanien oder die Abruzzen in Italien. Dort, in Wäldern mit Buchen, Eichen und Nadelbäumen, die denen weiter nördlich in Europa recht ähnlich sind, haben die Arten Rückzugsgebiete gefunden. Doch es gibt eine Ausnahme: den seltenen Pardelluchs. Er ist das, was man eine mediterrane Katze nennen könnte, die in halb offenen Landschaften – und deshalb gut beobachtbar – zwischen Korkeichen und Zistrosen umherschleicht.

Ein Land, drei Bären

Sonne, Meer, Kultur: Man muss keine lange Liste machen, um zu erklären, warum Italien nach wie vor zu den beliebtesten Urlaubszielen Europas zählt. Was wir hier allerdings besonders hervorheben möchten, sind die Möglichkeiten, sich bei unseren Nachbarn auch mit Wölfen und vor allem mit Bären zu beschäftigen.

In Italien gibt es zwei verschiedene Bären: den Marsikanischen Braunbären, eine Unterart, die in den Abruzzen vorkommt, und die letzten Alpenbären, die seit einigen Jahren im Trentino, im Naturpark Adamello-Brenta, ein bemerkenswertes Comeback erleben. Einem weiteren Bären, dem ausgestorbenen Ursus ladinicus, einer erst 2011 entdeckten Höhlenbärenart, widmet sich in Südtirol ein Bärenmuseum.

Andächtiger Ort auch für Bärenfreunde: die Kirche San Romedio, Trentino

Schäumender Bär: Ein Kadaver in der
Nähe lässt Speichel fließen.: Trentino-
Bärin Jurka an der Beute

Links: Einbruch: Die Pranke durch eine
Bienenwabe gezogen. Foto: Michele Zeni

Rechts: Rechter vorderer Abdruck einer
Bärenhand – ohne Fersenballen: Foto:
Michele Zeni

ADAMELLO-BRENTA

Mehr und mehr Bären

Im Jahr 1999 entschieden sich der Naturpark Adamello-Brenta und weitere Institutionen, zehn Bären aus Slowenien einzuführen und im Gebiet des Naturparks auszuwildern.

Die Ausgangslage für das Projekt war eine Restpopulation von drei Bären im Brenta-Gebiet. 1989 wurde dort die letzte natürliche Fortpflanzung bestätigt. Im Jahr 1997 lebten dort nur noch drei Individuen. Um die Brenta-Population nicht aussterben zu lassen, rief man das Projekt „Life Ursus" ins Leben. Die Verantwortlichen ließen drei männliche Bären und sieben Weibchen im Alter zwischen drei und sechs Jahren frei.

Ziel des Projekts war und ist es, eine sich selbst erhaltende natürliche Bärenpopulation herzustellen. Ursprünglich geplant war, innerhalb von 20 bis 40 Jahren einen Bestand von 40 bis 60 Braunbären zu erreichen. 2012 zählten die Bärenexperten des Parks bereits rund 40 Tiere. Das macht das Life-Ursus-Projekt in Italien zum derzeit erfolgreichsten Bären-Wiederansiedlungsprojekt Europas. Wolf und Luchs werden im Park ebenfalls nachgewiesen.

Derzeit gibt es noch keine geführten Touren durch den Park mit dem Ziel, wild lebende Bären zu beobachten. Mitarbeiter des „Parco Naturale Adamello Brenta" bieten aber naturkundliche Führungen an, die sich dem Thema Bären widmen. Grundsätzlich sind diese Touren in italienischer Sprache. Wer sich als Gruppe jedoch rechtzeitig anmeldet, kann auch einen Deutsch oder Englisch sprechenden Führer bekommen. Aktuelle Infos gibt es unter www.pnab.it. Zum Zeitpunkt der Recherche wurden folgende Exkursionen angeboten:

TOUR 1
Einladung ins Königreich des Bären

Die Führung beginnt im Bärenmuseum im Parkhaus (Casa del Parco) und in der Bärenfreianlage (Parco faunistico). Es folgt ein Spaziergang auf einem Bärenpfad, der im Kernbereich des Bärengebiets liegt. Dort wurden Tafeln aufgestellt mit Hinweisen, wie man Bärenspuren interpretiert. Den Bärenpfad kann man auch auf eigene Faust erkunden. Endpunkt ist das Bärenmuseum.

TOUR 2
Zwei Wege zum Bären ... und zum Honig

Auch auf dieser Tour lernt man die Bärenausstellung im Casa del Parco, die Freianlage und den Bärenpfad kennen. Zusätzlich auf dem Programm steht der Besuch bei einem Imker, der einem die Welt der Bienen näherbringt – für deren Schatz sich bekanntlich auch die Bären interessieren.

Das Angebot an Führungen wird ständig weiterentwickelt. Aktuelle Infos gibt es unter www.pnab.it.

CASA DEL PARCO ORSO (HAUS DES BÄREN)

Das Haus des Bären ist ein Museum, das sich ganz dem Symboltier des Naturparks Adamello-Brenta verschrieben hat. In sechs thematisch aufgeteilten Räumen bekommen Besucher durch Multimedia-Installationen und Modelle bärenstarke Infos zu den Alpenbären. So erfährt man etwa über eine Leuchttafel, wie die Braunen im Gebiet saisonal wandern. In der Rekonstruktion einer Höhle gibt es kuriose Fakten zur Winterpause der Bären. Des Weiteren können Besucher die Bedeutung der Bären in den verschiedenen Kulturkreisen kennenlernen – früher und heute. Die Entdeckungsreise zu den Bären endet in der dritten Etage. Der große Raum ist ganz dem Projekt „Life Ursus" – und der Wiedereinbürgerung der Bären – gewidmet. Die Besucher können dort in einem Videospiel auch lernen, wie man mittels Radiotelemetrie einen Bären ortet, der mit einem Senderhalsband ausgestattet ist.

Casa del Parco Orso, Spormaggiore
Tel. +39 (0)461 653622,
Wechselnde Öffnungszeiten – siehe unter:
www.pnab.it/vivere-il-parco/case-del-parco/casa-orso.html

BÄREN ERLEBEN

Trekking durch das Trentiner Bärenland

Besucher des Bärenlands Adamello-Brenta können auf Wanderrouten, die durch den Lebensraum der Bären führen, das Gebiet auf eigene Faust kennenlernen. Offiziell vom Park freigegeben ist eine „Bärenwanderung", ein fünfstündiger Rundtrip, der am Tovelsee (Lago di Tovel) startet.

„Tutti zona orso". Das gesamte Toveltal ist von der Parkverwaltung als „Zona orso" – Bärenzone – ausgewiesen. Während der Wintermonate finden die Bären in der Umgebung Verstecke für die Winterruhe. Von Frühling bis in den Herbst bietet das Tal ausreichend Nahrung: im Frühjahr frisches Grün und Tierkadaver – Opfer von Lawinen. Im Sommer ist die Ernährung überwiegend vegetarisch.

Ameisen und Wespen dienen als tierische Proteinquelle. Im Herbst sind für die Bären besonders Bucheckern wichtig. Auch für den Bärennachwuchs sind die Bedingungen im Toveltal gut. Im Sommer 2012 konnte vom Wanderweg aus eine Bärin mit zwei Jungen beobachtet werden. Eine Kuh war abgestürzt. Die Bären kamen wiederholt zum Kadaver, um ihn aufzufressen. Achtung! Grundsätzlich gilt es als gefährlich, Bären an der Beute zu stören.

Vom Parkplatz am Tovelsee aus braucht man zwei Stunden bis zur Almhütte Malga Tuena. Von dort aus kann man das Bärengebiet gut einsehen. Anfangs geht es etwa 200 Meter entlang des westlichen Seeufers den Hang hinauf bis zu einer Abzweigung. Folgen Sie auch hier dem Wegweiser zur Malga Tuena. Nach wenigen Minuten

Außenansicht: Die Bären-Kirche San Romedio, spektakulär ins Gelände eingepasst.

Rund um den Tovel-See: Bärenland im italienischen Trentino. Foto: Michele Zeni

Mit Elektrozaun vorgesorgt: So kommt der Imker mit den Bären aus.

Bärenfutter für alle! Und bei den Trentino-Bären gibt's noch mehr zu entdecken.

erreicht man eine Schotterstraße, die an einigen Almhütten vorbeiführt. Die Straße geht in einen Wanderpfad über, der sich in steilen Spitzkehren den Wald hinaufzieht. 600 Höhenmeter über dem See erreicht man die Malga Tuena. Auf der Alm kann man übernachten und essen.

Hier biegt man nun Richtung Südwesten ab. Noch einmal geht es entlang einer Schotterstraße – Wanderweg 310 (weniger als 1 Kilometer). Dann erreicht man einen Abzweiger zum SAT 380. Diesem folgt man Richtung Süden. Dort, wo die Baumgrenze erreicht wird, verlässt man den SAT 380 und folgt dann den Wegweisern des „Dolomiti di Brenta Trek – DBT". Fast eben und bequem geht es weiter Richtung Süden entlang der Waldgrenze und den Weiden der Malga Tuena (Campo Tuena). Nach 1,5 Stunden (von Malga Tuena aus) erreicht man die verlassene Alm „Dena". Hier biegt der Wanderpfad als SAT 312 Richtung Osten und beginnt in steilen Abschnitten abzufallen. Ab „Dena" sind es noch einmal 1,5 Stunden bis zum See. Nach dem Steilabschnitt wird unten eine Schotterstraße erreicht. Dort biegt man nach links ab, folgt dem SAT 314 nach Norden und erreicht nach weiteren 3 Kilometern wieder den Tovelsee. Im Bereich des Sees gibt es Unterkünfte mit angegliederten Restaurants, so das „Albergho Lago Rosso" und das „Chalet Tovel".

WELTWEIT HÖCHST GELEGENER HÖHLENBÄR

Als am 23. September 1987 Herr Willy Costamoling aus Corvara zum ersten Mal die Grotte unter der Conturinesspitze in Südtirol betrat, konnte er nicht ahnen, dass ihm ein Jahrhundertfund gelungen war. Ein Team der Universität Wien grub die Höhle kurz darauf aus. Das Resultat dieser Forschungsarbeit war sensationell: Beim Bären der Conturines handelt es sich um eine neue, nie zuvor beschriebene Höhlenbärenart, die zu Ehren der ladinischen Bevölkerung Ursus ladinicus benannt wurde. Die Conturineshöhle ist mit ihren fast 2800 Metern die weltweit höchstgelegene Fundstelle von Höhlenbären. Vor circa 40 000 Jahren, in einer Zwischeneiszeit, war das Klima so warm, dass die Baumgrenze (heute auf ca. 1900 Meter) fast den Höhleneingang erreichte. So konnten die Bären, als reine Pflanzenfresser, das ganze Jahr über in dieser extremen Höhe überleben.

Ausführliche Infos im: Bärenmuseum „Museumladin Ursus ladinicus", St. Kassian. www.ursusladinicus.it

ABRUZZEN

Grüne Wälder des Südens

Das Gebiet liegt deutlich über dem Knöchel des Italienstiefels, zwischen Rom und der Adria. Doch offiziell – vermutlich weil die Region einst zum Königreich Sizilien gehörte – zählt der Abschnitt bereits zu Süditalien. Dornige, im Herbst ausgedörrte Macchia, findet man in den Abruzzen jedoch nicht. Wegen der Höhe kann man hier auch im Sommer saftig grüne Buchenwälder genießen. Und das machen auch die Großen Drei. Dass die drei Arten hier noch immer durch die Kalkberge pirschen, hat wohl auch damit zu tun, dass die Abruzzen von allen italienischen Regionen den größten Anteil an Naturschutzgebieten aufweisen. Ein Drittel der Provinz steht unter Schutz.

„Lass mich auch, Mama!" Manche bei Familie Bär beobachtete Szene könnte sich so fast auch im eigenen Badezimmer zutragen.

BELIEBT UND BEDROHT

Der Marsikanische Braunbär

Fast die gesamte Population des Marsikanischen Braunbären (Ursus arctos marsicanus) lebt im Nationalpark Abruzzen und dessen Umgebung. Die IUCN hat den Status dieser Braunbärenunterart des Apennin als „vom Aussterben bedroht" gekennzeichnet. In den letzten zehn Jahren ist die Population drastisch gesunken. Waren es 2001 noch 100 bis 120 Bären, zählten Forscher 2012 lediglich 40 bis 50 Bären.

Der Niedergang ist auf verschiedene Ursachen zurückzuführen, unter anderem: Wilderei, vergiftete Köder, Verkehrsunfälle, illegal gehaltenes Vieh, was Konflikte zwischen Viehhaltern und Bären sowie Wölfen heraufbeschwört. Dazu bemerkt Andrea Zanoni, ALDE (Alliance of Liberals and Democrats for Europe) in einem Schreiben vom 22. August 2012 an das EU-Parlament: „Es ist bemerkenswert, dass trotz der wiederholten Fälle von Wilderei, Vergiftungen und (anderen Formen der direkten) Tötung durch Menschen in den letzten zehn Jahren kein einziger Täter identifiziert oder bestraft wurde."

Trotz dieser traurigen Tatsache ist der Nationalpark Abruzzen einer der Topadressen für Bärenfans. Der Mai ist der günstigste Monat. Bär-Watching im Nationalpark Abruzzen sieht folgendermaßen aus: Entweder man fährt mit dem Auto zu bestimmten bewährten Aussichtspunkten. Oder man pirscht in Begleitung eines Führers und beobachtet an Stellen, die ebenfalls eine Übersicht bieten (siehe Kasten).

Ausgangspunkt ist oft der Ort Pescasseroli. Weil Bären und Wölfe auch in den Abruzzen meist nachtaktiv sind, hat man die besten Chancen früh am Morgen oder abends in der Dämmerung. Für die Beobachtungen vom Aussichtspunkt aus fährt man auf geführten Touren morgens noch vor dem Frühstück los. Am Abend gibt es dann noch einmal einen Ansitz. Mit guten Ferngläsern und Spektiven ausgerüstet, hockt man im Gelände und scannt Wiesen und Waldränder ab. Geduld ist gefragt – und die Gabe, einfach auch nur eine schöne Aussicht genießen zu können. Ein Aussichtspunkt, der erwandert werden darf, befindet sich bei der Schutzhütte „Refugio Iorio". Um Störungen durch Touristen auf einem Minimum zu halten, ist der Zugang teils beschränkt. Von August bis Oktober dürfen nicht mehr als 20 Personen pro Tag die Region betreten – es sei denn in Begleitung eines Führers. In den anderen Monaten ist der Zugang unbeschränkt. Die Hütte liegt westlich von Pescasseroli und kann innerhalb eines Tages (hin und zurück) gemeistert werden.

PIRSCHEN UND SUCHEN

Eine Bärenpirschtour mit Start an der Schutzhütte „Refugio Iorio" läuft ungefähr so ab: Sie startet am späten Nachmittag, also zu einer Zeit, da die meisten Touristen von ihrer Wanderung zurückkommen. Die Teilnehmer sind angewiesen, sich so leise wie möglich zu verhalten. Hinter jeder Ecke des Wegs, die eine Aussicht ermöglicht, hält die Gruppe an. Die Teilnehmer suchen die Landschaft mit ihren Ferngläsern ab. Der Führer verleiht auch welche. Wird nichts entdeckt, geht es vorsichtig weiter. Nach einer halben Stunde wird eine steile Wiese mit besonders guter Übersicht erreicht. Hier baut der Führer ein Spektiv (Fernrohr) auf einem Stativ auf, das von den Touristen gern mitbenutzt werden darf. Die Teilnehmer erleben hier den Einbruch der Nacht. Sollte sich bis dahin kein Bär oder Wolf gezeigt haben, kann man nun wenigstens noch darauf hoffen, unter einem klaren Sternenhimmel dem Heulen der Wölfe zu lauschen. Der Erfolg, tatsächlich einen Bären oder Wolf zu sehen, wird auf dieser Tour immerhin mit 50 Prozent angegeben.

Bärenpaar auf der Wacholderwiese: Auch in den Abruzzen halten sich Bären relativ häufig im Freiland auf, wo sie gut zu beobachten sind. Foto: wisebirding

Wildromantische Abruzzen: Fast 3000 Meter hoch reicht das Gebirge auf der Höhe von Rom – und bietet Lebensraum für Wolf und Bär. Foto: wisebirding

DEN MARSIKANISCHEN BRAUNBÄREN ERLEBEN

Bären schauen mit den Ragazzi

Der Mai ist der beste Monat für Bärenbeobachtungen im Nationalpark Abruzzen. Chris Townsend von Wise Birding Holidays hatte 2013 das Glück, an vier von fünf Tagen Bären sehen zu können – mit insgesamt 2,5 Stunden Beobachtungszeit und in netter Runde.

Es ist ein herrlich heller und sonniger Abend. Und wir sind prima in der Zeit. Wir belegen die Zimmer in unserem wunderschön renovierten Gästehaus im Herzen des historischen Teils von Pescasseroli. Gleich nach dem Einrichten machen wir uns auf den Weg. Es geht ins schöne Sangrotal. Ein paar Kilometer das Tal hoch beziehen wir Stellung an einem Aussichtspunkt im Park, von dem aus die Wahrscheinlichkeit am größten ist, dass man die endemische Braunbärrasse der Abruzzen, den Marsikanischen Bären, zu sehen bekommt.

Es ist ein wunderschöner Abend. Beim Parken in der Nähe der Kirche Gioia Vecchio wird klar, dass wir nicht die einzigen Leute sind, die nach Bären Ausschau halten: Da ist bereits ein kleiner Auflauf Einheimischer. Alle hoffen, dass sich die Bären zeigen werden. Es ist toll, diese kleine leidenschaftliche Gruppe Italiener zu erleben, die anscheinend ganz versessen darauf ist, „ihre" Bären zu sehen.

DAS BÄREN-BESUCHER-ZENTRUM IN VILLAVALLELONGA

Das Bärenzentrum ist klein, aber fein. Es wird von „Sherpa Coop" gemanagt und ist als „Umweltbildungszentrum von regionalem Interesse" offiziell anerkannt. Besonders stolz ist man vor Ort über ein 3D-Video, das in den Ausstellungsräumen präsentiert wird.

Via Colle di Marcandrea – 67050 Villavallelonga (AQ)
Tel. +39 (0)8631940278
E-Mail: centroorso@sherpa.abruzzo.it
Web: www.sherpa.abruzzo.it

Wir auch! Wir nehmen „feldherrenmäßig" eine strategisch günstige Position ein, von der wir das üppig bewachsene Tal unter uns einsehen können. Und nun gucken wir einfach, warten und suchen die zahlreichen Wiesen, Büsche und Waldränder ab.

Plötzlich wirkt die Menge sehr aufgeregt! Irgendetwas muss da unten jetzt vor sich gehen. Nach einem kurzen Gespräch mit einem freundlichen Einheimischen und einem weiteren sorgfältigen Suchblick in die Weite haben wir bald, worauf wir alle gewartet hatten: Aus einem der harten Schatten steigt ein Marsikanischer Braunbär ins Licht! Das Warten hat sich gelohnt.

Es ist 18.45 Uhr und noch immer sehr hell. Entsprechend einmalig sind die Ausblicke durch die Fernrohre. Und jeder kann seine erste Sichtung dieses seltenen und endemischen Bären genießen – und das gerade mal 30 Minuten nach unserer Ankunft.

Es gibt wirklich kein besseres Gefühl, als in der schönen Umgebung des Abruzzen Nationalparks zu stehen, mit dem warmen Sonnenschein auf dem Rücken, um dann einen wilden Bären in seinem angestammten Lebensraum zu beobachten. Es ist großartig, dieses Tier zu sehen, wie es sich völlig natürlich verhält und so gar keine Ahnung hat, dass wir in der Nähe sind. Wie es langsam durch das Mosaik von Waldrändern und Büschen schlendert, um immer wieder mal im Boden zu graben.

Nachdem wir das Tier eine Weile beobachtet haben, fällt uns auf, dass es vorn links hinkt. Nach näherer Untersuchung des entstandenen Videomaterials und einem Gespräch mit Personal vom Park erfahren wir später, dass der Bär bekannt ist und anscheinend eine Verletzung durch ein Fangeisen davongetragen hat. Die Verletzung schränkt ihn aber offensichtlich nicht weiter ein. Wir können ihn mehr als 45 Minuten kontinuierlich beobachten, bevor er schließlich im dichten Unterholz verschwindet. Was für ein großartiger Start unseres kurzen Trips! Wir beschließen, nach Pescasseroli zurückzukehren – für ein paar Biere und ein außergewöhnlich großes Festmahl.

Fürsorgliche Mama: Bis zu viereinhalb Jahre kümmert sie sich um ihren Nachwuchs.

Ein bis vier Junge bringt eine Bärenmama zur Welt – je besser ernährt sie ist, desto mehr.

Lebt gefährlich: Die Jungensterblichkeit liegt bei bis zu 44 Prozent.

SPANIEN

Erste Adresse für Colegas von Wolf & Co

Spanien erlebt einen „einzigartigen Urlauberansturm", titelt „Die Welt" während der Recherche zu diesem Buch. Die meisten Gäste wird es dort wohl an den „längsten Badestrand Europas" (4900 Kilometer!) ziehen. Immer mehr Colegas von Wolf, Bär und Luchs suchen hingegen die seltener besuchten Lebensräume im Landesinneren auf: das Kantabrische Gebirge, die Sierra de la Culebra oder die Sierra de Andújar. Hier erlebt man Bären beim Nüssepflücken, lernt nervöse Hirsche als Hinweis auf den Iberischen Wolf zu deuten und hat eine reelle Chance, die „seltenste Katze der Welt" beim Beutemachen zu beobachten.

Kantabrisches Gebirge: Heimat für rund 200 Bären.
Foto: José Antonio García Fernández

Bär auf der Klimascheide: maritimer
Norden, trockener Süden. Fotos: J. A. G.
Fernández

Westliche Verlängerung der Pyrenäen: die
„Cordillera Cantábrica"

BÄREN UND WÖLFE IN SPANIEN

Hola, oso! Hola, lobo!

Es gibt zwei Sorten Bären in Spanien – alte und neue. Die „alten" kommen im Kantabrischen Gebirge (Nordwestspanien) vor. Es sind etwa 200, die hier bis heute überlebt haben. Ihr Verbreitungsgebiet ist zweigeteilt – mit einer 50 Kilometer breiten Lücke dazwischen. Wenigstens ist die Population derzeit stabil. Die „neuen Bären" leben in den Pyrenäen und verteilen sich auf auf Spanien, Frankreich und Andorra. Sie war fast komplett erloschen. 2006 frischte man die Population mit fünf slowenischen Bären auf. 2011 zählte man wieder rund 25 Bären sind in Spanien geschützt und werden nicht bejagt. Es bestehen Managementpläne, die jedoch juristisch nicht bindend sind.

Schäden gibt es bei Vieh und Bienen. Die Regionsverwaltungen kompensieren voll. 2010 wurden rund 325 000 Euro bezahlt. Nach vielen Auseinandersetzungen mit Bauern in der Vergangenheit wird heute viel für sie getan und bereitgestellt: elektrische Zäune, Hütehunde, Hütten für Schäfer und Zuschüsse für Hirten, die in ausgewiesenen Bärengebieten unterwegs sind. Allein die katalonische Regionalregierung zahlt hierfür 200 000 Euro jährlich.

Bedrohungen: Zwischen 2006 und 2011 wurden acht Todesfälle bei Bären bekannt – zwei wurden erschossen, zwei vergiftet, zwei im Verkehr getötet; bei weiteren zwei sind die Todesumstände nicht bekannt. In den Pyrenäen hat die Wiederansiedlung Widerstand bei der ländlichen Bevölkerung hervorgerufen. Die Zahlungen führten zu einer Entspannung. Die Verantwortlichen rechnen aber damit, dass noch viele Jahre vergehen werden, bevor in den Pyrenäen wieder eine sich selbst erhaltende Population entstanden sein wird. Wölfe sind im Nordosten der Iberischen Halbinsel auf einer riesigen Fläche von 120 000 Quadratkilometern verbreitet. Daneben gibt es eine kleine, bedrohte Population in der Sierra Morena, Südspanien, und einige wenige Wölfe in den Pyrenäen, die aus dem französischen Mercantour zugewandert sind. Das Wolfsmanagement ist dezentralisiert. In manchen Regionen werden Wölfe geschossen, um Schäden abzuwenden. Überall, wo Wölfe vorkommen, kommt auch Vieh zu Schaden. Wo es schwieriger ist, die Weidetiere zu beschützen – in den Bergen –, oder wo die Wölfe neu auftauchen, gibt es mehr Schäden. Jährlicher Schaden insgesamt: 2 Millionen Euro. Wie bei den Bären werden auch im Fall von Wölfen Vorsorgemaßnahmen teilweise finanziert. Durch den Abschuss von Wölfen lassen sich nachweislich Konflikte minimieren. 200 Wölfe werden jährlich in Spanien legal getötet. Doch noch immer ist die Einstellung der Landbevölkerung gegenüber den Wölfen negativ – was sich an einer hohen Rate illegal getöteter Wölfe zeigt. Trotzdem sind die rund 2000 spanischen Wölfe in ihrem Bestand nicht gefährdet – abgesehen von denen in der isolierten Sierra-Morena.

ZUM SCHADEN MACHEN GEZWUNGEN

Bei einer Wolfsstudie im portugiesisch-spanischen Grenzgebiet untersuchten Forscher die Beutevorlieben von Wölfen. Diese bedienten sich ausschließlich beim Vieh, vor allem in Ziegenherden mit mehr als 100 Tieren. In Gebieten mit Pferden bevorzugten sie diese. Die Abhängigkeit von Weidetieren wird mit der Seltenheit natürlicher Beutetiere in Verbindung gebracht. Neben einem effektiven Management schlagen die Forscher vor, die natürlichen Beutearten wieder anzusiedeln.

BÄR- UND WOLF-WATCHING IN SPANIEN

Gucken bis die Erde flimmert

Das Wolfsgebiet im Nordwesten Spaniens ist riesig. An vielen Stellen kann man Wölfe beobachten. Die Sierra de la Culebra ist vermutlich das am häufigsten von Wolf-Watchern frequentierte Gebiet.

Die Sierra de la Culebra ist eine Mittelsgebirgskette mit Höhenzügen bis 1243 Meter, die knapp 100 Kilometer entlang der Grenze zur nordöstlichen Ecke Portugals verläuft. Die flach rollenden Hügel sind teils bewaldet, teils offen (Paramo) und über Schotterpisten erschlossen. Das Gebiet ist eine der Hochburgen der Iberischen Wölfe. Die Region ist teils Jagdschutzgebiet. Es gibt Lockstellen, sogenannte Muladares

(wörtlich: Müllhalden), an denen Viehkadaver ausgebracht werden. Tour-Anbieter und ihre Kunden warten in den frühen Morgenstunden und abends an Aussichtspunkten. Die meisten Sichtungen werden aus sehr großer Entfernung gemacht. Die Wölfe bleiben dabei meist völlig unbehelligt. Die Anbieter versprechen eine Sichtungswahrscheinlichkeit von bis zu 90 Prozent – „beste Chance für Wölfe in Westeuropa". Rothirsche, Rehe und Wildschweine leben ebenfalls im Gebiet. Wer sie im Gelände entdeckt, kann damit rechnen, dass sich dort auch Wölfe einfinden. Beobachter raten, darauf zu achten, ob die Beutetiere unruhig sind. Wölfe könnten in der Nähe sein. Der Winter wird als günstige Zeit eingeschätzt, weil die Luft klar ist und dadurch Beobachtungen über große Distanzen möglich sind. Ohne Laub lässt

Treffpunkt für Wolfsfreunde in Spanien: die „Sierra de la Culebra" an der Grenze zu Portugal.

die Vegetation zudem mehr Sicht zu. Allerdings muss man sich auf Minustemperaturen einstellen, vor allem früh am Morgen. Ende des Winters beginnt die Paarungszeit. Die Wölfe können dann häufiger heulen und sind einfacher zu lokalisieren. Längere Tage bedeuten mehr Beobachtungsstunden! Wenn die Jungen Ende des Frühlings flügge werden, sind mehr Wölfe unterwegs – die Chancen, einen vor die Linse zu bekommen, sind entsprechend höher. Bedingt durch die hohe natürliche Jungensterblichkeit nimmt deren Zahl jedoch in wenigen Wochen ab. Der Sommer ist eine eher ungünstige Beobachtungsperiode. Die flimmernde Hitze behindert die Beobachtungen über große Distanzen. In der Nacht mit Taschenlampen nach den Tieren zu suchen, ist in Jagdschutzgebieten und Nationalparks verboten.

ERSTE ADRESSE FÜR BÄREN IN SPANIEN

Der Naturpark Somiedo im Kantabrischen Gebirge ist seit Jahren bei Bär-Watchern beliebt. Das Gebiet, das seit 2000 auch Biosphärenreservat ist, zieht sich bis auf 2100 Meter hinauf und ist mit Buchen und Eichen bewaldet. Die Bären können an waldfreien Hängen von Aussichtspunkten aus beobachtet werden. Als eine günstige Zeit wird Mitte September empfohlen, wenn die Bären entlang der Waldränder nach Beeren und Haselnüssen suchen.

„EuropesBig5" führt Wolfstouren in die Sierra. Fotos: Karl Van Ginderdeuren

„Sierra de Andújar" in Südspanien: Heimat der „bedrohtesten Katze der Welt"

Nahrungsspezialist: Der Pardelluchs frisst fast nur Kaninchen – oder mal ein Rothuhn.

PARDELLUCHS

Der mit dem langen Bart

Von den vier weltweit vorkommenden Luchsarten ist der Pardelluchs, oder Iberische Luchs, nicht nur am stärksten gefährdet. Er ist auch eine der seltensten Katzen der Welt überhaupt. In dem einstigen weiten Verbreitungsgebiet in Spanien und Portugal sind nur noch zwei bis drei kleine, voneinander getrennte Restgebiete im Südwesten Spaniens erhalten: Nach Angaben der IUCN sind im Nationalpark Coto Donana rund 30 Tiere und in der Sierra Morena/ Andújar bis zu rund 100. Die Situation in Portugal ist unklar.

Im Unterschied zum Eurasischen oder Nordluchs ist der Pardelluchs deutlich kleiner (Gewicht: 9 bis 13 Kilogramm). Sein Fell ist stärker gefleckt und der Backenbart ist deutlicher ausgeprägt. Er lebt in mediterranen, mit Bäumen und Sträuchern bestandenen, halb offenen Landschaften, in erster Linie dort, wo es auch Kaninchen gibt. Ackerland mit Getreide und Baumplantagen mit exotischen Baumarten wie Eukalyptus und Kiefer mag er nicht.

Ähnlich wie der Kanadaluchs, der sich auf Schneeschuhhasen spezialisiert hat, ernährt sich der Pardelluchs überwiegend (80 bis 100 Prozent) von Wildkaninchen. Ansonsten gehören andere Kleinsäuger, Vögel und selten Hirschkälber zum Beutespektrum. Die Spezialisierung auf Kaninchen hat einerseits zur Folge, dass der Pardelluchs in unglaublicher Dichte vorkommen kann (77 Tiere auf 100 Quadratkilometer), andererseits ist er dadurch von dieser Beute in hohem Maße abhängig. Kaninchen sind zwar dafür bekannt, dass sie

sich massenhaft vermehren, aber auch dafür, dass ihre Zahlen durch Epidemien wie Myxomatose dramatisch einbrechen können, was sich dann direkt auf die Luchse auswirkt. Zu diesem naturbedingtem Problem kamen von Menschenhand geschaffene hinzu:

Die Bevölkerung forstete mit gebietsfremden Baumarten auf, brachte mehr und mehr Weidetiere auf die Flächen und baute Straßen. Über die Straßen kamen wiederum mehr Jäger ins Gebiet, die Kaninchen und Luchse erbeuteten. So brachen aus diesen und anderen Gründen zwischen 1960 und 1980 mehr als 40 Luchsvorkommen weg. Erst in den 1970er-Jahren wurde die Jagd auf den spanischen Luchs aufgegeben. Gegenwärtig laufen Programme, bei denen in Gehegen aufgezogene Luchse ausgewildert werden. So wurde 2013 im Naturpark Despenaperros, Andalusien, mit aufgezogenen Luchsen ein neuer Bestand gegründet.

NEUE GEFAHR: KLIMAWANDEL

Kaninchen könnten innerhalb von 50 Jahren in vielen Vorkommensgebieten aussterben. Davor warnen Wissenschaftler, die dies mit steigenden Temperaturen und trockeneren klimatischen Bedingungen in Verbindung bringen. Um den Effekt auszugleichen, sollten die neuen Luchsschutzgebiete in höheren Lagen eingerichtet werden, in denen die Kaninchen eine Überlebenschance haben. *Quelle: The New York Times*

Vom Nordluchs zu unterscheiden: längerer Bart, geringeres Gewicht, stärkere Fleckung

Einer von zwei letzten Lebensräumen für nur noch rund 220 Pardelluchse: die „Sierra de Andújar".

Luchs im Licht

Dem Pardelluchs ganz nah – der Autor, Ralf Bürglin, hat es erlebt. Im Herbst 2014 hatte er sich mit Unterstützung von „Europe's Big 5" in die Sierra de Andújar aufgemacht. Drei Tage werden im Schnitt veranschlagt, um das seltene Tier zu entdecken. Ralf reichten drei Stunden.

Der Süden der Iberischen Halbinsel ist ein Tummelplatz für Exoten. Nicht nur der Iberische Luchs schleicht ausschließlich hier umher, auch den Südspanischen Steinbock, die Ginsterkatze und den Mungo-artigen Ichneumon trifft man in Europa nur dort. Für einen Wildtierbegeisterten lohnt es sich, noch im Dunkeln loszuziehen und die Kamera bereitzuhalten. Das Auto schaukelt durch die Schlaglöcher der Piste. Nach kurzer Zeit tauchen Rothirsche im Strahl der Scheinwerfer auf. Es ist Brunftzeit. Anscheinend sind die Hirsche die Nähe von Besuchern gewöhnt und lassen sich nicht groß stören. Das reizt mich, mit der Kamera zu experimentieren. Ist das Scheinwerferlicht hell genug, um die Hirsche in Szene zu setzen? Tatsächlich, das Licht reicht! Also bleibt die Kamera während der Fahrt auf dem Schoß. Es ist morgendlich kühl, trotzdem lasse ich gern Fenster offen, um mehr von draußen mitzukriegen: Bei einem Wäldchen ruft der Waldkauz, das typische Tok-Tok eines Rothuhns ist mehrere Male deutlich zu hören, die Hirsche röhren, mal von Weitem, mal ganz nah – eine schöne Geräuschkulisse. Aber war es vielleicht doch ein bisschen ehrgeizig, um fünf Uhr aufzustehen? Das Pistengeschaukel lullt mich ein. Doch mit einem Augenzwinkern bin ich plötzlich wieder hellwach. Es ist zunächst nur ein Schatten, aber es gibt keinen Zweifel: 20 Meter vor uns, das ist er, der Pardelluchs! In typischer Katzenart schlurft er dahin, quer zum Weg, links Busch, rechts Busch.

Es ist sofort klar, nur für Sekunden werden wir ihn sehen. Er tut uns noch den Gefallen, sich kurz abzusetzen, um sich mit der rechten Hinterpfote am Kopf zu kratzen. Ich zücke die Kamera. Der Luchs setzt den Fuß wieder ab, macht noch ein paar Tapser und ist im Buschlabyrinth sofort verschwunden. Das war's! Kurz, aber großartig. Wenige Minuten später geht die Sonne auf. Etwas oberhalb der Stelle, an der uns der Luchs begegnete, gibt es einen Mirador, einen Aussichtspunkt. Von dort kann man kilometerweit über die Sierra blicken. Und das machen wir dann einfach, den ganzen Tag lang, an verschiedenen Stellen. Einmal noch die Katze sehen! Es gelingt uns letztlich nicht, aber das ist o.k. Das geruhsame Warten auf den Luchs beschert uns interessante Gespräche und viele müßige Stunden unter Mufflons und Mönchsgeiern und den vielen anderen Wildtieren des Gebiets.

Mercantour

Nur einen Wolfssprung vom Mittelmeer entfernt, zwischen schroffen Gipfeln aus Granit und Gneis und den südlichsten Gletschern des Alpenbogens, ist es italienischen Apennin-Wölfen gelungen, sich als Alpenwölfe zu etablieren. Hier in den französischen Seealpen besteht ein dichtes Netz aus ehemaligen königlichen Jagdsteigen, Militärwegen und Schmugglerrouten. Mit einem Blick in die Landschaft fühlt man sich eingeladen, das Gebiet zu erwandern und nach den neuen Herrschern Ausschau zu halten.

Unweit von Nizza, in den Seealpen, hat der Wolf ein gutes Auskommen.
Foto: Parc national du Mercantour (PNM)

WÖLFE IM MERCANTOUR

Ausgewanderte Spaghetti-Wölfe

In Frankreich verschwand der Wolf etwa um 1930. In den 1990er-Jahren wanderte die Art von Italien her über Alpenpässe wieder ein. In Italien war zuvor der Begriff der Spaghetti-Wölfe geprägt worden, als bekannt wurde, dass sich Wölfe in den Vororten Roms von Küchenabfällen ernährten. Ihre Abkömmlinge besiedelten die südlichen Alpen, wo bis heute das französische Wolfskerngebiet liegt. Einige Tiere haben von hier aus die Pyrenäen erreicht (2002) sowie die Vogesen (2012). Im Winter 2010/11 zählten 1200 im Feld ausgebildete Helfer Hinweise auf landesweit 20 Rudel mit 68 Tieren. Tendenz steigend – um 27 Prozent (!) pro Jahr. Im Kerngebiet der französischen Wölfe liegt der 1979 entstandene Nationalpark Mercantour, der sich auf italienischer Seite mit dem Parco delle Alpi Marittime verbindet. Das Comeback der Wölfe in der Region wird im Wesentlichen durch drei Faktoren begünstigt: Die Bauern sind aus den Bergregionen abgewandert. Wölfe wurden ab 1979 europaweit unter Schutz gestellt. Wildtiere wie Gemsen, Hirsche, Mufflons und Steinböcke sind vorhanden.

Die Wolfspopulation des Mercantour besteht aus ca. 30 Wölfen, aufgeteilt in 9 Rudel. Die Tiere ernähren sich vor allem von wilden Huftieren, auch kleineren Säugetieren, erlegen aber auch Haustiere, vor allem Schafe. Mit der Ausrottung des Wolfs in Frankreich konnte sich die Schafhaltung stark ausbreiten. Die eingewanderten Wölfe profitierten von den weitgehend ungeschützten Herden und zogen sich den Hass von Schafhaltern zu. Die Lösungen für dieses Problem sind mehr oder weniger erfolgreich. So zum Beispiel das Zusammenpferchen der Schafe bei Nacht, der Einsatz von Hütehunden – den Patous – und Hilfsschäfern und der Bau oder die Renovierung von Schäferhütten. Luchse gibt es derzeit im Mercantour noch nicht. Das Kerngebiet französischer Luchse ist das Jura. Hier profitierten die Franzosen von der Wiederansiedlung der Pinselohren in der Schweiz, Anfang der 1970er-Jahre. Weitere Populationen bestehen in den Vogesen, wo man in den 1980er-Jahren zehn Luchse ausgesetzt hat, und in den Nordalpen. Während die Vogesen-Luchse weniger geworden sind, profitiert die Alpenpopulation von bewaldeten Korridoren, die die Alpen mit dem Jura verbinden. Die Zahlen sind dort stabil. Bären gibt es in Frankreich nur in den Pyrenäen. Die letzten ortsansässigen Bären starben dort 2010 aus. Die gegenwärtig in den Pyrenäen lebenden Bären stammen von einer achtköpfigen Gründerpopulation aus Slowenien ab. [QR 8]

WÖLFE ERZIEHEN

Die Wölfe in Frankreich sollen keine Schafe mehr reißen. Ein „Nationaler Wolfsplan", der seit 2013 realisiert wird, sieht vor, Wölfe, die sich an Schafsherden vergriffen haben, einzufangen und zu markieren. Das soll die Tiere so erschrecken, dass sie statt Schafen lieber Rehe und Wildschweine jagen. Nach Angaben der Regierung haben sich die Wölfe in den vergangenen Jahren ständig vermehrt, entsprechend steigt auch die Zahl getöteter Schafe. Wurden im Jahr 2008 bereits 2680 gerissene Schafe registriert, waren es 2011 schon 4920 und 2012 beachtliche 5848 Schafe. Besonders aufsehenerregend war ein Vorfall in den Alpes-de-Haute-Provence 2011, wo ein Wolf dafür verantwortlich gemacht wurde, dass sich 62 Schafe in einer Schlucht zu Tode stürzten. Der Schutzstatus durch die Berner Artenschutzkonvention erlaubt Abschüsse in Ausnahmefällen. 2012 waren es in Frankreich 11,Tendenz: steigend. *Quellen: Die Welt, Le Figaro*

Schafe an Berghängen wie Fischschwärme am Riff: Potenzial für Konflikte mit dem Wolf. Foto: Parc national du Mercantour

»IN SEARCH OF THE WOLF«

Plastiktüte mitnehmen!

Der britische Reiseveranstalter „Spacebetween" geht während acht Tagen im Mercantour auf Wolfsuche. Auf dem Programm steht zunächst ein Besuch des Wolffrei-geländes bei Boréon – www.alpha-loup.com. Dann geht es auf Spurensuche. Und man sollte etwas zum Eintüten dabeihaben.

Die Teilnehmer sind aufgefordert, jeden Hinweis auf Wölfe zu dokumentieren: Spuren, gerissene Beutetiere und natürlich Sichtungen. Es ist sehr schwierig, Wölfe zu beobachten, aber nicht unmöglich. Kot und Haare werden in Plastiktüten gesammelt und anschließend bei den Biologen im Nationalpark abgegeben. Aber was kann man tatsächlich aus den Spuren lesen? Wozu dienen die Proben?

Auf der Tour erklärt der Führer beispielsweise, wie man die Spuren von Wölfen und Patous, den großen weißen Pyrenäenberghunden, unterscheidet. Mit einem einzelnen Trittsiegel fängt man nicht viel an: In alten Spurenführern liest man, dass beim Wolf die vorderen zwei Zehen deutlich nach vorn abgesetzt sind. Das kann, muss aber nicht sein. Außerdem haben einzelne Hunde ebenfalls nach vorn abgesetzte Zehen. In der Größe variieren die Trittsiegel bei erwachsenen Wölfen zwischen 7 bis 9 Zentimeter in der Breite und 8 bis 10 Zentimeter in der Länge. Ein großer Hund wie ein Patou macht ähnlich große Spuren .

Um sicher zu sein, dass man einen Wolf und keinen Hund vor sich hat, muss man der Spur über eine längere Strecke folgen. Aus dem Verlauf der Fährte wird dann klar, wer der Verursacher ist: Wölfe gehen gleichmäßig – gleiche Geschwindigkeit, gleicher Schrittabstand, sehr geradlinig. Die Hinterpfoten setzen sie in die Abdrücke der Vorderpfoten. Im tiefen Schnee gehen mehrere Tiere meist hintereinander und treten in die Spur des Vorgängers. Das Spurenbild ändert sich, wenn sie Beute jagen, ihr Revier markieren oder auf andere Wölfe stoßen. Im Gegensatz zu Wölfen laufen Hunde oft zickzack. Auffällige Strukturen im Gelände werden berochen und dann mar-

Ist auch über der Baumgrenze zu entdecken. Foto: PNM

Steinböcke im Mercantour-NP müssen ...

... Wölfe aus bekanntem Grund fürchten. Foto: PNM

kiert. Die Abdrücke von Vorder- und Hinterpfoten sind nur selten exakt aufeinandergesetzt. Sind mehrere Hunde zusammen, laufen sie, selbst wenn der Schnee hoch liegt, oft auch nebeneinander.

Im Wolfskot finden sich Haare und Reste zerkauter Knochen. Damit kann man die Beutetiere bestimmen. Fellhaare können an einem Zaun hängen bleiben. Forscher, die die gefundenen Haare oder Kot analysieren, erstellen damit einen genetischen Fingerabdruck und können so einzelne Individuen sicher unterschieden, verwandtschaftliche Beziehungen oder die Herkunft aufdecken und Tiere sogar zählen.Der Winter ist für Wolfsspurensucher besonders interessant. In die Zeit von Ende Januar bis Anfang März fällt die Paarungszeit der Wölfe. Dann gibt es „Urinierzeremonien", wie man das bei „chwolf.org" nennt. Die entsprechenden Spuren kann man im Schnee entdecken. Wenn weibliche Wölfe in Hitze kommen, sich also der kurzen Phase nähern, in der sie empfängnisbereit sind, urinieren sie häufiger. Der Rüde, der ihr folgt, schnuppert an dem versprizten Urin intensiv, bevor er den eigenen Urin an derselben Stelle abgibt. Mit dem Urin werden Pheromone ausgeschüttet, die den Rüden den Stand der Hitze bei den Weibchen verraten. Die Urinstellen kann man im Gelände finden.

MIT DEN WÖLFEN WANDERN AUF EIGENE FAUST

Die Journalistin Iris Kürschnerbeschreibt in ihrem Buch „Hüttentrekking Westalpen" (Bergverlag Rother) unter anderem drei traumhafte Trekkingrouten durch die Seealpen. Eine dieser Routen verläuft in einer Rundwanderung durch die Wolfsgebiete des Parc Nationale du Mercantour und des Parco NaturaleAlpi Maritime. 8 Tage sind dafür veranschlagt. Zu den vielen praktischen Informationen gehört eine Routenbeschreibung sowie eine Karte. Wer es kürzer oder länger mag, kann sich für weitere schöne Touren inspirieren lassen. *www.powerpress.ch*

Im Wolffreigelände bei Boréon sind auch nordamerikanische Timberwölfe zu sehen. Foto: Rolande Asso/Alpha

Nordeuropa

Seit Astrid Lindgrens Ronja Räubertochter haben wir diese Bilder im Kopf – und sie bestätigen sich bei einer Wolf- und Bärentour durch die nordischen Wälder. Ein Streifen Wald bildet den Horizont, darüber blau der Himmel, darunter blau ein See. Zwischen den Fichten und Kiefern wachsen Blaubeeren und Rentierflechte zu einem Flickenteppich, der zum Kuscheln einlädt. Der Wald wird licht und lichter, öffnet sich zu einem Moor, über dem am Morgen noch ein elchhoher Nebelschleier liegt. Mit dem werdenden Tag wird die Sicht immer besser. Doch was ist die dunkle Stelle in der Landschaft? Baum, Troll, Bär? Die Sicht wird klarer. Ja, da, zwischen knorrigen Wurzeln und Wollgraswolken zeichnet sich die Silhouette eines Bären ab.

SCHWEDEN

Unter dem Großen Bären

Im mittelschwedischen Hede rast ein Elch, verfolgt von einem Braunbären, durch ein Wohngebiet. Auf einem Spielplatz holt der Bär den Elch ein und begräbt ihn kurz vor einem Sandkasten unter sich. Eine Anwohnerin beobachtet von ihrem Küchenfenster aus, wie der Bär seine Zähne in das Fleisch des Elches haut. Ein Autofahrer fährt auf beide Tiere zu, hupt. Erst jetzt lässt der Bär von seiner Beute ab und trottet davon.

Kurz darauf entscheiden die örtlichen Behörden, dass der Bär nicht erlegt werden soll. Nach einem Angriff auf Menschen ist das üblich. Zur Begründung heißt es, der Bär habe sich beim Verfolgen des Elches „natürlich" verhalten. Solche Berichte erreichen uns in den Nicht-Bären-Ländern (focus.de). Sie sind spektakulär, weil sie außergewöhnlich sind. Wohl fast jedem dürfte klar sein, dass ein Bär oder Wolf in einer Ortschaft die große Ausnahme ist. Trotzdem prägen solche Geschichten unser Bild von den Beutegreifern, schüren Angst. Gegen die Angst hilft rausgehen. Raus, dorthin, wo Bär, Wolf und Luchs idealerweise leben, in Wäldern, abseits von Siedlungen, wo es nachts dunkel ist. Wo über einem das Sternbild des Großen Bären leuchtet und alles friedlich ist – und man erlebt, dass es friedlich bleibt. [QR 9]

Die Guides von „Wild Schweden" führen auch zu Fuß zu den Wildtieren Schwedens. Foto: Marcus Westberg

Elchkälber gehören durchaus zum Beutespektrum schwedischer Bären – jedoch ohne Auswirkung auf die Population der Elche. Foto: Marcus Westberg/Wild Sweden

BÄREN IN SCHWEDEN

Die Population brummt

Die schwedischen Bären haben sich fantastisch entwickelt. Zwischen 1998 und 2007 wuchs die Population nachweislich um 4,5 Prozent pro Jahr. Die meisten Tiere leben in den nördlichen zwei Dritteln des Landes, Verbreitungsschwerpunkt ist allerdings die Mitte Schwedens – mit den Provinzen Dalarna, Gävleborg und Jämtland. Im Süden fehlen Bären bisher. Eine Zählung im Jahr 2008 ergab insgesamt 3300 Tiere. Bären sind in Schweden grundsätzlich geschützt, werden aber bejagt. Dafür bestimmt eine Behörde eine jährliche Quote. Offizielles Ziel ist es, die nationale Bärenpopulation nicht unter ein Minimum von 1000 Bären fallen zu lassen. Ein Maximum wurde nicht festgelegt.

In Schweden verursachen Bären verhältnismäßig wenige Konflikte. Nur sehr selten greifen sie Menschen an, meist stehen Zwischenfälle im Zusammenhang mit der Jagd (siehe Kasten). Auch Schäden an Weidetieren werden in Schweden recht erfolgreich abgewendet, was vor allem auf den Einsatz von Elektrozäunen und anderen Abschreckmethoden zurückgeführt werden kann. Es gibt jedoch auch Ausnahmen: Wo Rentierkälber in bewaldeten Gebieten zur Welt kommen, fallen diese den Bären relativ häufig zum Opfer. Auch Elchkälber werden zur Beute von Bären. Auf die Population der Elche hat dies keine Auswirkung.

Nur selten gibt es Probleme mit Bären, die Siedlungen zu nahe kommen. Eine Studie weist allerdings darauf hin, dass in Gebieten mit einer sich ausbreitenden Bärenpopulation die Angst der Menschen wächst. Dies hängt wohl auch damit zusammen, dass den Menschen die Erfahrung fehlt, wie es ist, wenn man mit Bären zusammenlebt. Zur Bedrohung könnte momentan lediglich illegales Töten werden. Das geschieht vor allem dort, wo Rentierhalter versuchen, die Verluste bei ihren Kälbern gering zu halten. Da dies jedoch ein eher lokales Phänomen im Norden ist, leidet die Gesamtpopulation nicht. Insgesamt entwickelt sich die Bärenpopulation in Schweden gut – man könnte auch sagen: sie brummt.

ZU SCHNELL GESCHOSSEN?

Im Oktober 2013 erwischte es Henrik Karlström bei der Elchjagd. Als der Zwanzigjährige einen Bären hinter einem Busch bemerkte, feuerte er sofort einen Warnschuss ab, noch bevor der Bär ihn entdeckt hatte. Der Bär griff sofort an. Es kam zu einem „Ringkampf", der sich laut Karlström anfühlte, „als würde er ewig dauern". Möglicherweise ist es seinem Jagdhund zu verdanken, dass der Bär von dem Jäger schließlich abließ. Karlström kam mit einer tiefen Wunde an der Hand, Verletzungen am Arm, einem Kratzer durchs Gesicht und einer klaffenden Wunde am Hinterkopf davon. Gemäß des Managementplans wurde der Bär von einer Sondereinheit aufgespürt und getötet. *Quelle: thelocal.se*

Braunbär im Wollgrasmoor: sieht nach Idylle aus. Tatsächlich verursachen Bären in Schweden wenige Schäden. Foto: Wild Sweden

LUCHSE IN SCHWEDEN

Auf nach Süden!

Luchse wurden in Skandinavien überdurchschnittlich lange als Schädlinge bekämpft. Schweden zahlte bis 1912 Tötungsprämien, Norwegen sogar bis 1980. Norweger und Finnen hatten ihre Tiere fast ausgerottet. Nur in Schweden wurde die Jagd im 20. Jahrhundert zeitweise ausgesetzt, was den skandinavischen Luchsen das Überleben sicherte, denn schließlich machten sich die schwedischen Luchse auch nach Norwegen und Finnland auf. Die Bestände erholten sich, wohl auch aufgrund des Klimawandels, da sich Rehe über den Polarkreis hinaus verbreitet haben. Seit 1995 ist nun auch in Schweden wieder die Jagd erlaubt – allerdings auf Quotenbasis, was die Population im Idealfall nicht gefährdet.

Luchse gibt es heute fast überall in Schweden – und sie breiten sich sogar nach Süden aus. Die schwedische Luchspopulation besteht aus 1400 bis 1900 Tieren und hat sich in den letzten Jahren recht konstant gehalten. An den jährlichen Zählungen beteiligen sich Rentierhalter, Jäger und andere Freiwillige. Diese Untersuchungen werden im Januar und Februar auf der Basis von Fährtenzählungen durchgeführt, bei denen vor allem Luchsfamilien, also Muttertiere mit ihren Jungen, erfasst werden. Auch für Luchse gibt es ein nationales Populationsziel: 1300 bis 1700 Tiere sollen es laut den Behörden sein.

Vor allem Rentierhalter liegen mit den Luchsen im Clinch. Die Luchse richten bei den halbwild lebenden, ungeschützten Rentieren die meisten Schäden an, in einem geringeren Ausmaß auch bei Schafen. Einen Konflikt gibt es auch zwischen Luchsen und Jägern, denn beide haben es auf dieselbe Beute, die Rehe, abgesehen. Der Staat kompensiert nur getötete Haustiere. Die dafür notwendigen Kosten liegen zwischen 3 bis 3,5 Millionen Euro pro Jahr für Rentiere und zwischen 10 000 und 25 000 Euro pro Jahr für getötete Schafe.

Die Population der schwedischen Luchse ist mehr oder weniger stabil. In Nordschweden liegen die Luchszahlen gegenwärtig sogar über den Vorgaben der Wild-Manager. Die Abschusszahlen sind daher sehr hoch gesetzt. In der Vergangenheit war der Luchs durch zu hohe Abschusszahlen und Wilderei gefährdet. Während Wilderei noch immer ein Problem ist, gelingt es heutzutage besser, die richtige Quote festzulegen. Wo es jedoch Konflikte mit Rentierhaltern gibt, neigen die Behörden dazu, die Populationen zu niedrig zu halten.

LEICHTE LUCHSE IN MITTELSCHWEDEN

Bei vielen Tierarten lässt sich beobachten, dass Tiere, die weiter im Norden leben, größer sind als Artgenossen im Süden. Für Luchse in Schweden trifft dies nur bedingt zu. Größe und Gewicht nehmen von Zentralschweden nach Norden zwar tatsächlich zu, Größe und Gewicht nehmen allerdings von Zentralschweden nach Süden ebenfalls zu. Forscher sehen folgenden Zusammenhang: Steht den Luchsen während der Wachstumsphase mehr Beute zur Verfügung, werden sie als erwachsene Tiere größer. Da es in Südschweden mehr Rehe gibt als in der Mitte des Landes, können Jungluchse in Südschweden besser mit Nahrung versorgt werden und sind in Folge als Erwachsene schwerer.
Quelle: Polar Biology 33 (2010)

Kann sich wieder strecken: Der Skandinavische Luchs hat
von Schweden aus die Nachbarländer wiederbesiedelt.

Bis zu 1900 Luchse gibt es wieder in Schweden. Das
Populationsziel liegt allerdings darunter. Fotos: Wild
Sweden

„Naseweis": überlebte in Schweden gerade
so. Er wird heute in der Mitte des Landes
geduldet.

Links: Angesagt: Wintertracking bei „Wild
Sweden". Foto: Fredrik Jonson

Rechts: Wolfssichtung: auf zugefrorenen
Seen möglich. Fotos unten: Wild Sweden

Inzucht: ein großes Problem

Wölfe in Norwegen und Schweden wurden Mitte des 19. Jahrhunderts immer weniger. Als der Wolf schließlich unter Schutz gestellt wurde – 1966 in Schweden und 1972 in Norwegen –, war es bereits zu spät. Der skandinavische Wolf war praktisch ausgestorben. Die nächste Population gab es in Russisch-Karelien, an der Ostgrenze Finnlands. 1977 gelang es expandierenden Wölfen, nach Nordschweden vorzudringen. 1982 wurde ein Wolfspaar in Zentralschweden registriert, 1983 gab es dort erstmals wieder Junge. Später kam ein weiterer Rüde hinzu. Bis 2008 waren es lediglich diese drei Tiere, auf die die neue skandinavische Wolfspopulation zurückzuführen war. Zwei weitere Tiere erhöhten die Gründerpopulation auf fünf.

Trotz Inzucht und den damit verbundenen Problemen bei der Vermehrung konnte die schwedisch-norwegische Wolfspopulation im Winter 2011/12 auf 260 bis 330 Wölfe veranschlagt werden. Der Wolf ist in Schweden nach nationalem und EU-Recht geschützt. Ein Managementplan von 2009 sah vor, 20 Wölfe aus anderen Populationen einzuführen und die Gesamtzahl der Wölfe auf 210 Tiere zu begrenzen. Seit dieser Zeit wird gestritten, was die angemessene Zahl an Wölfen für Schweden tatsächlich ist. Neue Wölfe wurden bislang noch nicht eingeführt.

Auch bei den Wölfen entstehen die stärksten Konflikte mit Rentierhaltern und Jägern. Damit die Wölfe ein Auskommen haben, müssten die Jagdquoten für Elche gesenkt werden, um die Elchpopulation stabil zu halten. Die Wölfe sind auch deshalb unbeliebt bei den Jägern, weil sie Jagdhunde erbeuten (22 Fälle 2011; 20 Fälle 2012). Um die Probleme mit den Rentierhaltern zu verringern, werden in Nordschweden – wo die Elche verbreitet sind – praktisch keine Wolfsrudel geduldet. Eine Störung der Rene reicht aus, damit die Wölfe abgeschossen werden können.

Auch nach Süden hin gibt es de facto eine Grenze, nach der es keine Wölfe gibt. Zwar gelten im Süden die gleichen Regeln für Managementabschüsse wie in Zentralschweden. Allerdings gibt es in Südschweden viel mehr Vieh. 2011 wurden dort allein 455 Schafe durch Wölfe getötet. So kommt es häufiger zu Managementabschüssen, was im Ergebnis einen wolffreien Süden zur Folge hat. Neben der Inzucht gilt die Wilderei als größtes Problem für die Wölfe. Wildbiologen führen die Hälfte aller Todesfälle darauf zurück – wobei sie davon ausgehen, dass zwei Drittel aller Wildereidelikte nicht entdeckt werden. Mit Computerprogrammen hat man berechnet, dass sich die Wolfspopulation ohne Wilderei bis 2009 vier Mal so stark entwickelt hätte. [QR 10]

SCHWEDENHAPPEN

Wölfe haben einen breit aufgestellten Speiseplan. Nach einer Analyse von 2063 Kotfunden ist der Elch die Lieblingsbeute skandinavischer Wölfe – im Winter wie im Sommer. Im Winter machen Elche sogar 96 Prozent der eingenommenen Biomasse aus. Andere Beutetiere sind Rehe, Biber, Dachse, Hasen, kleine Nagetiere und Vögel. Im Sommer ist die Beutepalette breiter. Der Grund scheint zu sein, dass in dieser Jahreszeit mehr Tierarten zur Verfügung stehen. Recht häufig, aber in geringen Mengen finden sich in Wolfskot auch Insekten, Beeren und andere Pflanzenteile.

Hier heule ich. Wo heulst du, Wolf?

Wer in Schweden Wölfe, Bären und andere Tiere erleben will, ist mit dem Tour-Anbieter „Wild Sweden" gut beraten. Eine Teilnehmerin aus England erzählt, wie ihre Gruppe mit viel Ausdauer einem Rudel Wölfe nahe kam.

Am späten Nachmittag fuhren wir mit einem Minibus ins Wolfsgebiet, wo wir uns noch einmal aufteilten – zur Wahl standen eine anstrengendere Route mit Führer Marcus Eldh quer durch den borealen Wald und eine leichtere, die von Jan Nordstrom angeführt wurde. Wir entschieden uns für Jan. Gleich zu Beginn zeigte er uns Wolfsschiss auf dem Pfad, hatte aber auch den Blick für einen Trauermantel-Falter, der sich auf dem Stamm einer Hängebirke niedergelassen hatte.

Am Ende der Routen fanden sich die beiden Gruppen wieder an einem See zusammen. Vom Treffpunkt aus konnte man weit über den See schauen. Hier gab es ein kaltes, deftiges Abendessen: Wildschweinbraten im Wrap, geräucherte Elch- und Rehwürste, Käse. Als es dämmerte, stieß Per Ahlqvist zu uns. Per ist einer der renommiertesten skandinavischen Wildbiologen. Er hat viele Jahre mit Wölfen in Schweden verbracht und dabei zum Beispiel die Tiere besendert, um ihr Raumverhalten zu erforschen. Zurzeit arbeitet er in der Nähe, auf der „Grimsö Wildtierforschungsstation". In unserer Runde sprach er darüber, was Wölfe gefährdet, wie erfolgreich sie sich vermehren und wie ihre Territorien aussehen. Er zeigte auch, wie es ab den 1970er-Jahren zunächst gerade mal fünf Wölfe schafften, von Russland ins damals wolfsfreie Schweden einzuwandern. Bis heute stellen diese den gesamten Genpool der schwedischen Wolfspopulation. Anschließend bezogen wir Posten an einem bemoosten Hang. Wir packten uns warm ein und machten es uns bequem. Und endlich legte Marcus los und heulte die Wölfe an. Allein schon bei seinen Rufen bekamen wir eine Gänsehaut. Aber so sehr er sich auch bemühte, die Wölfe antworteten nicht. War das Wolfsrudel überhaupt in der Nähe? Als es schließlich Nacht wurde, brachen wir etwas geknickt auf.

Nach einem guten Frühstück ging es wieder los – in der Hoffnung, das hiesige Wolfsrudel an einem weiteren bekannten Ort zu hören oder zu sehen. Diesmal setzten wir uns auf Felsen, von denen aus wir einen Pfad gut einsehen konnten, den die Wölfe häufig benutzen. Eine Stunde oder länger saßen wir absolut still. Marcus versuchte noch einmal nach den Wölfen zu heulen. Leider antworteten sie auch diesmal nicht ... Also ging es zurück ins Gästehaus. Später versuchten wir unser Glück in einem zweiten Wolfsgebiet. Wir fuhren zunächst eine gute Strecke mit dem Minibus. Die Gegend schien vielversprechend. Wir fanden gleich frische, deutliche Spuren in weicher Erde – von Wolf, Wildschwein, Elch, Reh und Kranich. Wir warteten – Marcus rief. Wieder keine Antwort. Marcus war sich sicher, dass das Wolfsrudel zwar in der Nähe war, ihre Rufe jedoch durch den Wind abgelenkt würden. Wir entdeckten noch einen Schwarm von zehn Seidenschwänzen in einer Fichte, bevor wir zum Minibus zurückkehrten. Noch immer gaben wir die Hoffnung nicht auf, die Wölfe letztlich finden zu können.

Am Nachmittag wollten wir an einem anderen Ort an einer vorher angekündigten Bibersafari teilnehmen. Die war sehr erfolgreich. Wir sahen mehrere Biber. Auf dem Rückweg wurden wir uns einig: Wir wollten es in der Dunkelheit noch ein letztes Mal mit den Wölfen versuchen. Das Rudel könnte sich zu einem weiteren Treffplatz bewegt haben. Also steuerten wir zwei mögliche Orte in der Nähe dieses Platzes an. Auf dem Weg zum ersten Beobachtungsort sahen wir einen Elch. Auf unser Rufen kam jedoch wieder keine Antwort von den Wölfen. Mittlerweile hatten wir das Hoffen aufgegeben – als wir den zweiten und allerletzten Ort erreichten, ein offenes Gelände mit einzelnen Kiefern im hellen Mondlicht.

Wir stiegen aus unserem Minibus aus, und bevor wir überhaupt selbst rufen konnten, rief das Alphamännchen bereits tief und laut, einen einzelnen Ruf, dem dann weitere Rufe folgten. Die Entfernung wurde auf 500 Meter geschätzt. Wir waren alle sehr euphorisch, weil wir die Wölfe zu guter Letzt doch noch zu hören bekamen. Marcus entschied sich, dann auch noch zu antworten. Das wiederum veranlasste das gesamte Rudel, von ihren verschiedenen Standorten aus zu reagieren – zunächst die Alphafähe, dann die Welpen und die Jungen vom letzten Jahr. Wir fielen uns in die Arme. Ein unvergesslicher Moment, der durch das lange Hoffen und Warten wohl noch verstärkt wurde. [QR 11]

Seltene Begegnung: Geduld ist meist gefragt, um Wölfen nahe zu kommen. Am besten gelingt dies, wenn man sie anheult. Foto: Glenn Mattsing/Wild Sweden

SCHWEDEN WILDLIFE KALENDER

Beste Zeit für Wolf-Tracking: Januar bis März; die Wölfe wandern über die zugefrorenen Seen; Februar ist Paarungszeit der Wölfe.

Beste Zeit für Bär-Watching: April bis September; im April kommen die Bären aus ihren Winterhöhlen; im Mai ist Paarungszeit der Bären; von Juni bis Oktober sind die Bären sehr aktiv bei der Futtersuche.

Beste Zeit für „Wolfsheulen im Sommer": Juni bis September; Wölfe werden im Mai geboren; im Juni hört man die Jungwölfe erstmals heulen.

Der Luchs ist die am schwersten erlebbare Tierart: März ist Paarungszeit der schwedischen Luchse; etwa ab Mitte März kann man Weibchen und Männchen rufen hören.

Finnisches Management: Bemüht, die Angst zu nehmen

Seit den 1970er-Jahren steigen die Bärenzahlen wieder an. Die finnischen Jäger hatten sich eine mehrjährige Jagdzwangspause verordnet. Um die Population in Zentralfinnland zu erhöhen, setzte man zu Beginn der 1980er-Jahre zwei Weibchen frei. Die Maßnahmen griffen.

Bären finden sich heute wieder überall auf dem finnischen Festland. Die höchste Dichte der anspruchsvolleren erwachsenen Weibchen gibt es im Südosten und im Zentrum des Landes. An der Grenze zu Russland finden sie ebenfalls passenden Lebensraum. Im Südwesten Finnlands ist die Dichte der Bären am geringsten. Hier halten sich fast ausschließlich junge männliche Bären auf, die aus den Kerngebieten abwandern, um neue Lebensräume zu erschließen. Im Norden zeichnet sich ein ähnliches Bild ab.

Linke Seite: Bären suchen Bäume aus verschiedenen Gründen auf. Sie sind gut zum Markieren und um sich daran zu kratzen. Sie sind bedingt gut, um sich dahinter zu verstecken ...

Oben: Sommerbär oben: Das Gesicht wirkt noch schlank, der Bauch wölbt sich bereits. Später im Herbst kann das Gewicht eines Bären doppelt so hoch sein wie im Frühjahr.

Unten: Herbstbär unten: In Jahren mit viel Nahrung werden Bären träge und hören auf zu fressen, ehe sie ihre Höhlen aufsuchen. Alle Fotos: Jari Peltomaki/ Finnature

Eleganter Mittesser: Da sich Steinadler auch von Aas ernähren, sind für sie die Futterplätze, die für die Carnivoren angelegt werden, ebenfalls interessant.

Kälte ist selten ein Problem. Im Herbst treibt auch nicht Frost in die Winterruhe, sondern der Nahrungsmangel. Alle Fotos: Jari Peltomaki/Finnature

Das Finnische Forschungsinstitut für Wild und Fischerei, FGFRI, hat ein Netzwerk mit 1700 Freiwilligen aufgebaut, die ihre Beobachtungen in ein Internet-basiertes Monitoringprogramm namens TASSU (deutsch: Pfote) eingeben. Eine ungefähre Abschätzung der Populationsgröße erreicht man, indem man die Zahl der gezählten Würfe mit 10 multipliziert. Für 2012 ergab sich ein Wert von 1600 bis 1800 Tieren.

Bären werden heutzutage wieder gejagt – vom 20. August bis Ende Oktober. Wie in anderen Ländern auch wird zwischen Lizenzen für eine „Populationskontrolle" und für „Problembären" unterschieden. Die Population wird dort kontrolliert, wo die Dichten am höchsten sind oder die meisten Probleme auftreten. Für Problembären werden das ganze Jahr über Lizenzen ausgestellt. Der Bewerber muss nachweisen, dass Schäden entstanden, oder Bären auffällig sind.

Wie in Schweden entstehen die größten Schäden im Umfeld der Rentierherden, speziell bei den Kälbern. Ansonsten schädigen Bären Bienenstöcke, Vieh und in Plastik eingepackte Silage. In mageren Beerenjahren mit heißen Sommern suchen Bären verstärkt auch in Gärten nach Nahrung – womit sie sich sehr unbeliebt machen.

Die Schäden bei den Rentierhaltern werden kompensiert. Insgesamt wurden für Kompensationszahlungen – verursacht durch alle großen Carnivoren – fünf Millionen Euro bereitgestellt (2011). Die Zahlungen erfolgen sehr unkompliziert: Schäden bei Rentierkälbern müssen nicht nachgewiesen werden. Gezahlt wird nach einer Formel, die die Differenz zwischen der aktuellen Zahl an Jungtieren mit der Zahl der Tiere, die vorhanden wäre, gäbe es die Großcarnivoren nicht, verrechnet. Die öffentliche Hand finanziert außerdem Elektrozäune. Wenn Bären sich in Dörfer und Vorstädte verirren, stellt die lokale Polizei schnell und unkompliziert Lizenzen zum Töten der Tiere aus.

In der Taiga: Ein Bär beansprucht hier bis zu 260 Quadratkilometer.

Wenn Wölfe Strecke machen, laufen sie über Stunden mit 8 bis 9 km/h. Auf dem Weg zurück zur Höhle steigern sie sich auf 10 km/h. Foto: Jari Peltomaki/Finnature

In absehbarer Zeit besteht laut EU keine Bedrohung für die finnische Bärenpopulation. Die Jagd ist strikt reguliert und kontrolliert. Wilderei spielt lokal eine Rolle, kann die Gesamtpopulation aber nicht gefährden. 1998 ist ein Jogger von einer Bärin getötet worden, weil er unbeabsichtigt auf ihre Jungen zulief. Wegen solcher Ereignisse sehen 50 Prozent der Finnen Bären als Bedrohung. Die öffentliche Einstellung hat sich zuletzt verbessert – Zwischenfälle konnten durch das strikte Management verhindert werden.

Der Luchs war lange Zeit ganz weg vom finnischen Fenster. Seit den 1950er-Jahren durfte er sich wieder ausbreiten und kommt heute im ganzen Land vor – wobei der Schwerpunkt im Süden liegt und der Norden nie sehr dicht besiedelt war. 2012 wurde die Zahl der finnischen Luchse mit 2340 bis 2610 angegeben. Der Luchs in Finnland unterliegt dem Jagdrecht. Entsprechend der ansteigenden Population steigt auch die Jagdstrecke: Zwischen 2005 und 2012 erlegten Jäger rund 1500 Luchse. Jagd, Verkehr und Wilderei bedrohen den finnischen Luchsbestand nicht.

Auch der finnische Wolf galt als ausgerottet. Heute kann man ihn wieder überall antreffen. Die Verbreitung hat sich in den letzten zehn Jahren vervierfacht, ist mit 150 bis 165 Tieren (2011/12) aber noch relativ klein. Reproduzierende Wölfe kommen nur in einem Bogen vor, der sich entlang der finnisch-russischen Grenze über Zentralfinnland nach Südwesten zieht. Auch der Wolf unterliegt dem Jagdrecht. Es gibt jedoch noch keine Jagd zur Populationskontrolle, sondern nur Abschusserlaubnisse im Falle außergewöhnlichen Schadens oder wenn sich Wölfe Menschen annähern. Die meisten Schäden entstehen in der Umgebung der halbwilden Rentierherden. In den Überlegungen der Wolfsmanager heißt es dazu: „Ein Wolf in der Nähe einer Rentierherde ist 50- bis 60-mal teurer als ein Wolf, der irgendwo anders lebt." Kompensationen werden entsprechend der Regelung bei den Bären bezahlt. Nicht scheue Wölfe werden umgehend getötet. [QR 12]

INFOTELEFON GEGEN HUNDEFRESSER

Finnische Wölfe sind wieder in den dicht bevölkerten Südwesten Finnlands eingewandert. Sie haben gelernt, Hunde zu erbeuten. Die aktuellen Ereignisse lösten eine große Debatte aus. Initiativen und Kampagnen gegen die Wölfe waren die Folge. Mittlerweile wurde ein Infotelefon eingerichtet. Dort erfahren Anrufer, wo aktuell Hunde jagende Wölfe unterwegs sind. Das trägt etwas zur Beruhigung bei. Der Managementplan sieht vor, die Problemwölfe umgehend zu töten, damit sich das neu erworbene Verhalten unter den Wölfen nicht ausbreiten kann.
Quelle: Status of large carnivores in Europe 2012

GROSSE BEUTEGREIFER ERLEBEN

Bär-Wolf- und Vielfraß-Watching in Finnland

Finnland ist sicherlich eine der Top-Destinationen für alle, die Bär & Co. erleben wollen. Im Netz finden sich jede Menge und teils sehr ausführliche Berichte von Menschen, die in Finnland – beispielsweise bei Finnature - Bären, Wölfe und auch Vielfraße beobachtet haben. Die wichtigsten Fakten sind hier zusammengefasst.

Der Zeitraum von Mitte April bis Anfang Juni wird als gute Zeit fürs Beobachten von Bären in Finnland genannt. Dann sind die Bären aus der Winterruhe aufgewacht und haben Hunger. Nach dieser Phase kommt die Paarungszeit, während der die Bären weniger ans Fressen denken. Die beste Zeit ist allerdings Anfang Juli bis Mitte August, wenn die Tiere wieder häufiger die Futterstellen aufsuchen. In den besten Nächten besuchen bis zu 20 verschiedene Bären die Stellen, an denen die Köder ausgelegt sind. Angelockt werden die Carnivoren unter anderem mit toten Elchen, Lachs oder Hundefutter.

Goldköpfe im Juli: Die Fellfärbung variiert mit den Jahreszeiten. Die Deckhaare werden ab dem Spätfrühling bis zum Sommer abgeworfen. Foto: Jari Peltomaki/Finnature

Kein Wolfsfreund: In vierzehn belegten Kämpfen zwischen Wolf und Vielfraß waren acht tödlich für den Marder, dreimal erwischte es einen Wolf. Fotos: Jari Peltomaki/Finnature

Im April ziehen die Besucher meistens gegen 16.30 Uhr in die Beobachtungshütten ein und verlassen sie anderntags um 8 Uhr wieder. Teilweise kann man auch den ganzen Tag über im Versteck bleiben. Hardcore-Watcher, die sich keine Minute entgehen lassen wollen, bleiben drei bis vier Tage am Stück. Das Essen wird entweder direkt in der Hütte serviert oder in Extraräumen in der Nähe der Hütten. Alkohol ist verboten. Beobachter mit Hang zu Süßem empfehlen, Süßigkeiten mitzubringen. Damit kann man sich des Nachts während der vielen Stunden ohne oder mit wenig Schlaf wach halten. Nachteil des Hüttenproviants: Er lockt Mäuse an, die einem den Schlaf rauben können. Sehen Sie es positiv: Die kleinen Nager helfen, die großen Tiere nicht zu verpassen!

Im April liegt noch Schnee, Minusgrade sind nicht ungewöhnlich. Trotzdem wollen manche Anbieter nicht, dass man Schuhe anbehält. Nicht nur wegen des Schmutzes, sondern weil man damit lauter ist und die Tiere stört. Teilweise gibt es Kerosin-betriebene Heizer. Am Boden kann es trotzdem kalt sein. Dicke warme Socken sind sehr (!) wichtig. Die Hütten sind unterschiedlich komfortabel ausgestattet. In der Luxusversion gibt es Betten, Schlafsäcke, chemische Toiletten, Waschbecken und manchmal sogar eine Dusche. Während des nordischen Sommers können die Stechmücken richtig nerven. Ein Abwehrmittel aufzutragen, erscheint logisch, aber manche Anbieter raten davon ab. Manche Mittel riechen sehr stark und könnten die Carnivoren anlocken. Dünne Handschuhe – nicht zu dünne – und ein Kopfnetz können helfen, die Blutsauger davon zu überzeugen, sich lieber draußen bei den Fleischfressern satt zu saugen.

WENN DER VIELFRASS KOMMT

Der größte Marder Europas mag Bär und Wolf nicht. Der Vielfraß macht sich nur über die Kadaver an den Beobachtungshütten her, wenn die beiden anderen Carnivoren nicht in der Nähe sind. Während Bären sich an den Futterstellen oft ruhig verhalten und dabei vermeintlich auf ihre Größe und Stärke vertrauen, sind Wölfe sehr aufmerksam und wie in Alarmbereitschaft. Der Vielfraß ist der Hansdampf der Taiga. Oft nur kurz an den Futterstellen zu sehen, ist er mal hier, mal da, schaut, schnüffelt, hört in alle Richtungen, und währenddessen schlingt er das dargebotene Fleisch schnell und in großen Happen und Mengen hinunter – Vielfraß eben.

Gefährlich lebende Clowns: Kolkraben sorgen an den Futterstellen oft für Spaß. Man sah sie schon mit Wolfsschwänzen spielen – was für sie nicht immer gut ausgeht.

SPITZBERGEN

Eisbär-Watching

Eisbären beobachten in Europa? Seit Jahrzehnten ist „Polar Bear Watching" eng verbunden mit dem Ort Churchill an der Hudson Bay in Kanada. Wenn die Eisbären sich im Oktober und November in Ortsnähe versammeln und darauf warten, dass das Meer endlich zufriert, zieht es jährlich Tausende Besucher in die „Eisbären-Hauptstadt der Welt". Eisbären erleben kann man aber auch „bei uns", auf der norwegischen Insel Spitzbergen, bei einer entspannten Bootstour entlang der Küste.

EISBÄREN

Polwanderer und Landgänger

Eisbären sind die größten an Land lebenden Beutegreifer der Welt. Sie leben in der Arktis, also rund um den Nordpol. Die meisten Eisbären findet man nach Angaben der International Union for Conservation of Nature (IUCN) entlang der Festlandsränder sowie entlang der Küsten der arktischen Inseln, dort wo das Eis während des Sommers meist schmilzt. Eisbären, die dauerhaft Zugang zu See-eis haben, können das ganze Jahr über jagen. Wo das Eis schmilzt, sind die Bären gezwungen, während dieser Zeit zu fasten und von ihren Fettreserven zu leben. Dementsprechend ist die größte Bedrohung für Eisbären der Klimawandel. Mit dem Schmelzen der Poleiskappe zeichnen sich zwei Trends ab: Einesteils ziehen sich die Bären Richtung Nordpol zurück. Nach Prognosen wird sich das Polareis jedoch während des Sommers innerhalb der nächsten 100 Jahre fast komplett auflösen. Ohne Eis wird es dort keine Eisbären mehr geben. Die zweite Entwicklung ist die, dass Eisbären während der eisfreien Zeit zunehmend an Land gehen – zum Beispiel nach Spitzbergen.

Die Fortpflanzungszeit der Eisbären dauert von März bis Mai. Bis sich das befruchtete Ei einnistet, vergehen aber noch ein paar Monate – bis zum Herbst. Nach sehr kurzer Tragzeit bringt die Bärin ihre sehr kleinen Jungen mitten im Winter, von November bis Mitte Januar, im Schutz einer Höhle zur Welt. Laut IUCN werden manche Jungen in Erdhöhlen geboren, die meisten jedoch in Schneehöhlen, wo sie zusammen mit ihren Müttern fünf bis sechs Monate verbringen – viel länger als männliche Bären. Die Jungen, ein bis zwei, sind bis zu ihrem dritten Lebensjahr auf ihre Mutter angewiesen. Erst mit fünf oder sechs Jahren bekommen Weibchen Nachwuchs. Dies ist mit ein Grund dafür, warum sich Eisbären nur sehr langsam vermehren.

Marianne Iversen hat zwischen 2003 bis 2010 Eisbärenschiss auf Spitzbergen nach Nahrungsresten analysiert. Danach sind Ringelrobben die häufigste Beute (58 Prozent). Bartrobben und Vögel scheinen für die Spitzbergen-Eisbären weniger wichtig. Rentiere tauchten immerhin zu 9 Prozent in den Proben auf. Die Forscherin vermutet, dass der Anteil der Rene im Vergleich zu früheren Untersuchungen bedeutender geworden sein könnte. Ob die Bären die Hirsche selbst töten oder nur in Form von Aas fressen, ist nicht geklärt. Landpflanzen (in 33 Prozent aller Proben) und Algen (in 22 Prozent) kommen häufiger vor, als es die Forscherin erwartete.

SPITZBERGEN

Spitzbergen ist eine zu Norwegen gehörende Inselgruppe am Rand des Arktischen Ozeans. „Spitzbergen" ist auch der Name der Hauptinsel, auf die die Hauptstadt (und die einzige bedeutende Siedlung des Archipels) liegt: Longyearbyen. Die Gegend ist während des langen arktischen Winters sehr kalt, die Sommer sind jedoch – wegen des Golfstroms, der sich auch noch bis auf diese Breitengrade (79 Grad Nord) auswirkt – für viele überraschend mild. Während des Winters erreicht das Packeis die Insel. Viele Fjorde frieren zu, die dann für Schiffe bis zum Juli unpassierbar sein können. Schiffsfahrten zu den Eisbären werden im Juni und Juli angeboten. Minimum-Aufenthalt: acht Tage.

Sympathieträger mit Weit-weg-Bonus:
Der Eisbär gehört zu den beliebtesten
Tierarten. Aber er macht uns auch Angst,
denn wir passen

Orte für Landgänge auf Spitzbergen werden so gewählt, dass man Eisbären möglichst nicht direkt begegnet. Alle Fotos: Peter Prokosch/GRID-Arendal.

Ein Blauwal beim Fressen. Wenn Wale in der Arktis stranden, werden sie zur Beute von Eisbären. Und locken dann die Bären der ganzen Region an.

Beute der Zukunft? Es gibt Hinweise, dass Rentiere als Beute für Eisbären in den letzten Jahren wichtiger geworden sind.

Vorsicht, Eisbären!

Auf Spitzbergen können Besucher überall und während des ganzen Jahres auf Eisbären treffen. Als größte landbasierte Beutegreifer der Welt werden sie auch Menschen gefährlich. Zusammenstöße mit tragischem Ende gibt es immer wieder – auch in jüngster Zeit. Im Schnitt wurden zwischen 1993 und 2004 drei Bären pro Jahr in Notwehr erschossen. Diese Zahl könnte kleiner sein, wenn kritische Situationen erfolgreicher vermieden würden.

Der Gouverneur von Spitzbergen empfiehlt, auf jeden Fall außerhalb der Ortschaften eine Waffe zur Selbstverteidigung mitzuführen, außerdem Leuchtmunition oder Platzpatronen, um die Bären verscheuchen zu können. Wichtigste Regel: Abstand halten und Situationen vermeiden, die kritisch werden könnten.

Begegnungen sind sicher am lohnendsten, wenn der Bär sich nicht gestört fühlt und man aus der Entfernung mit einem Fernglas beobachtet. Kommt es zu einer Begegnung auf kurze Distanz, sollte man Folgendes bedenken:

Der Eisbär ist eine geschützte Art. Er darf nur zur Selbstverteidigung getötet werden. Musste ein Bär getötet werden oder wurde auf einen geschossen, sind die Behörden unmittelbar zu verständigen.

Was beim Einrichten von Camps zu beachten ist

Eisbären neigen dazu, sich in der Nähe des Eises oder entlang der Küste aufzuhalten. Bauen Sie Ihr Zelt deshalb nicht in Küstennähe auf. Zelte und andere fremde Objekte machen Eisbären neugierig. Wählen Sie Ihren Lagerplatz so, dass Sie eine gute Übersicht über das umgebende Gelände haben. Ihr Lager sollte geschützt sein, ent-

weder durch Hunde oder eine Leuchtfeuer-Selbstschussanlage. Sind mehrere Personen im Lager, können Sie auch eine „Bärenwache" aufstellen.

Wenn möglich, sollten Sie Ihr Essen nie im Inneren des Zeltes kochen. Die Gerüche haften an der Zeltbahn und können Bären anlocken. Bewahren Sie Ihr Essen nicht unmittelbar beim Camp auf. Auch Ihr Klo sollten Sie mit Abstand, aber in Sichtweite, anlegen.

Wenn Sie einen Eisbären entdecken, nähern Sie sich unter keinen Umständen. Ziehen Sie sich sofort und besonnen zurück. Behalten Sie den Bären im Auge. Wenn der Bär folgt, haben Sie zu Fuß keine Chance zu flüchten. Versuchen Sie, den Bären zu verscheuchen. Machen Sie so viel Krach wie möglich und bleiben Sie in der Gruppe. Seien Sie nicht panisch und setzen Sie alles ein, was den Bären einschüchtert. Schießen Sie keine Leuchtkörper hinter den Bären. Das könnte ihn veranlassen, in Ihre Richtung zu flüchten.
Quelle: The Governor of Svalbard: Savety in Svalbard

LANGSTRECKENWANDERER ÜBER DAS MEER

Forscher untersuchten auf Spitzbergen das Wanderverhalten von 172 Eisbären. Für 36 Weibchen ermittelte man ein Wandergebiet von 69 000 bis 79 000 Quadratkilometern. 25 Prozent der Weibchen wanderten bis nach Russland, zwei davon schafften es nach Franz-Josef-Land, ein Weibchen sogar bis nach Novaja Zemlja (ca. 2000 km!). Die Bären in diesem Bereich fasst man zur Barentssee-Population zusammen. Man geht von über 3000 Eisbären aus, von denen die Hälfte auf und um Spitzbergen vorkommt. Quelle: Journal of Zoology, Volume 237

EISBÄREN ERLEBEN

Zu Gast bei einem Bären-Banquett

Im Juni 2010 macht auf einem Schiff von Wildwings ein Gerücht die Runde: Ein toter Wal soll gefunden worden sein und eine Menge Eisbären würden an dem Kadaver fressen. Die Besatzung beschließt, dorthin aufzubrechen. Sie bereut es nicht. Steve Morgan berichtet:

Nach dem Abendessen klärt uns der Expeditionsführer Dutch Wilmott auf. Das Gerücht stimmt: Ein Schiff, das den Ort vor ein oder zwei Tagen gefunden hatte, habe dies mitgeteilt. Dutch schlägt vor, alle bisherigen Pläne aufzugeben und zum Ort des Geschehens aufzubrechen. Bessere Nachrichten hätte es gar nicht geben können. Entsprechend groß sind Aufregung und Vorfreude.

Freitag, der 25. Juni

Beim Aufwachen finden wir uns in einem kleinen flachen Fjord mit dem Namen Fair Haven wieder, einen halben Kilometer vor der Küste entfernt. Tony hat bereits eine Eisbärin mit zwei Jungen an Land entdeckt. Auch wenn sie sehr weit weg sind, können auch wir sie mit seinem Fernrohr ganz gut sehen. Aber wir möchten näher dran sein und drängen in die Schlauchboote, um zu erleben, was Fair Haven zu bieten hat. Unser Boot hüpft tatsächlich schon bald über die bewegte See. Bald werden wir die ruhigen, geschützten Gewässer von Fair Haven (nomen est omen) erreichen. Als wir die Landspitze des Fjords umschiffen, werden die Masten des niederländischen Schoners „Nooderlicht" sichtbar. Wir hatten das Schiff schon vor ein

Der größte aller Carnivoren: Erwachsene Eisbärenmännchen wiegen bis zu 600 Kilogramm. Alle Fotos: Peter Prokosch/GRID-Arendal.

paar Tagen gesehen, als es aus Longyearbyen hinaussegelte. Offensichtlich hatte die Besatzung die Neuigkeit vom toten Wal ebenfalls gehört. Aber noch bevor wir darüber genauer nachdenken können, kommt schon der erste Bär in Sicht – ein hübsches Männchen. Kaum 100 Meter entfernt schläft es am felsigen Strand. Und als wir weiter nach Fair Haven vordringen, erscheint ein zweiter Bär, direkt vor uns, ein weiteres, sogar noch imposanteres Männchen, das da im eisigen Wasser steht.

Und noch mehr Bären an den verschneiten Hängen: eine Mutter mit Jungen, und noch einer, und noch … Es sind sieben oder acht, und das schon, bevor schließlich der Walkadaver – oder das bisschen, das davon übrig geblieben ist – in Sicht kommt. Eine Reihe nackter, rosa-weißer Wirbel ragt über die Wasseroberfläche hinaus. Das Schwanzende des Kadavers ist am Strand zwischen Felsen und Eis eingeklemmt. Der Kopf – oder wo wir den Kopf vermuten – liegt unter Wasser. Ein weiterer Bär steht oben auf dem, was mal der Wal war, und zerrt gierig an Walspeck und Sehnen – keine 40 Meter entfernt.

Auch unter Wasser ist ein Walkadaver noch interessant …

Der große Bär, den wir im Wasser sahen, kommt nun zielbewusst den Strand entlang und drängt den ersten Bären aus dem Weg, um selbst ungestört fressen zu können. Als er fertig ist, zieht er ab und erlaubt seinem Juniorkonkurrenten, weiterzumachen. In der Zwischenzeit hat eine Bärin mit ihrem Jungen, die bislang geduldig am Hang gewartet hatte, beschlossen, dass sie auch einen Happen mögen könnte. Die beiden kommen zusammen den Hang herunter. Für die Mutter ist das ein Leichtes, aber das Junge rutscht bei jedem Schritt bis zu den Achseln in den Schnee. Schließlich erreichen sie den Kadaver und stehen dem jungen Männchen gegenüber.

Eigentlich hatte ich erwartet, dass die Bärin mit Bedacht vorgeht, aber zu meiner Überraschung fordert sie das junge Männchen heraus. Die beiden stehen sich kampfbereit gegenüber, und es kommt zu einer dramatischen Auge-in-Auge-Auseinandersetzung. Die Bärin brüllt ihren Konkurrenten so wild an, dass ihr Sabber aus dem Maul fliegt. Schnell zieht sich der Junge zurück. Sein Gesicht ist mit dem Speichel der Bärin regelrecht besudelt. Er sieht gedemütigt aus und setzt sich abseits. Er unterwirft sich, das können wir genau erkennen. Nun klettert die Bärin das Eis hinunter.

Sie steigt auf den Walkadaver und fängt an zu fressen. Das Junge folgt ihr und macht ihr alles nach. Es ist ungefähr sechs Monate alt und noch nicht entwöhnt. Vermutlich nimmt es bislang nur wenig Fleisch zu sich. Die Bärin schaut sich um. Sie findet offenbar, dass

… man kann schließlich zu ihm hinabtauchen.

Geringe Nachkommensrate: Den ersten Nachwuchs bekommen sie mit fünf; alle drei Jahre gibt es ein bis drei Junge bis zum Alter von dreißig. Fotos: Peter Prokosch/GRID-Arendal

sich das junge Männchen nicht genügend weit entfernt hat. Noch einmal geht sie zum Angriff über.

Diesmal zieht sich der Jungspund mindestens 40 Meter zurück. Jetzt ist sie zufrieden und setzt ihre Mahlzeit fort. Während der ganzen Zeit sitzt eine Elfenbeinmöwe nur ein paar Schritte entfernt, zusammen mit einigen Eismöwen und Eissturmvögeln. Den Fotografen unter uns gelingen Aufnahmen mit Bärin, Jungem und Elfenbeinmöve – das gibt's eigentlich gar nicht!

Das große Männchen, das sich irgendwo im Schnee am Hang ausgeruht hatte, kommt jetzt zurück, um noch einmal etwas zu knabbern. Diesmal sollte man annehmen, dass das Weibchen das Feld räumt.

Der große Kerl ist ganz offensichtlich nicht ihre Gewichtsklasse. Doch zu unserem Erstaunen stellt sie sich dem Big Boss ebenfalls entgegen und zeigt ihm eindeutig, dass sie nicht zu weichen gedenkt. Er zögert zwar, bleibt aber mehr oder weniger auf der Stelle stehen. Wir beobachten gebannt und fragen uns, was mit dem Jungen wird.

Sicher ist es in Todesgefahr, wenn die Mutter sich so ungestüm aufführt. Geschickt stellt sie sich jedoch zwischen den riesigen Bären und ihr Junges. Dabei setzt sie ihren Körper als Schild ein. Das Männchen ist durch das barsche Verhalten nicht wirklich eingeschüchtert, andererseits sieht es nicht so aus, als wäre es auf Streit aus. Es nimmt einen Umweg und klettert schließlich an anderer Stelle zum Kadaver.

Schmelzendes Eis: Forscher prognostizieren, dass in Zukunft Eisbären häufiger auf Inseln stranden, wo sie sich dann neue Nahrungsquellen erschließen müssen.

Es scheint, als hätten beide Bären ihr Gesicht voreinander gewahrt. Die Mutter zieht sich nun langsam zurück, den Hang hinauf, das Junge dicht an ihrer Seite. Während der ganzen Zeit haben sich unsere Schlauchboote in Kreisen bewegt. So hatte jeder die Gelegenheit, nah ans Geschehen heranzukommen. Wir haben die Bären fast zwei Stunden lang beobachtet und wurden Zeugen von Verhaltensweisen, die nur wenige Beobachter zu sehen bekommen. Unsere Führer – alle sehr erfahrene Arktisleute – stimmen ohne Zögern zu, dass dies die eindrucksvollste Eisbärenbeobachtung war, die sie je gesehen hatten. Wir zählten insgesamt 13 oder 14 Bären. Da sie ständig kamen und gingen, kann ich es nicht genau sagen. So viele Bären auf einmal, so nah und so viele ungewöhnliche Aktionen untereinander: Wir haben phänomenales Glück gehabt!

DIE LETZTEN EISBÄREN

Eisbärenhöhlen-Weltrekord: die kleine Insel Kongsøya bei Spitzbergen. Dort wies man noch 1980 die weltweit höchste Dichte an Bärenhöhlen nach: zwölf Höhlen pro Quadratkilometer, 50 winterschlafende Bären. 2012 zählten Mitarbeiter des Norwegischen Polarinstituts nur noch fünf Bären. Schuld sind wir. Auf unser Konto geht der Klimawandel. Laut einer Studie der IUCN und des U.S. Geological Survey werden innerhalb der nächsten 50 Jahre zwei Drittel der 20 000 bis 25 000 Eisbären verloren sein.

IM ZENTRUM DER ARTENVIELFALT

Estland

Alutaguse – das ist esthnische Taiga, Taiga mit zentraleuropäischem Charakter. Taiga, das ist Nadelwald, durchsetzt von Hochmooren. Moorinseln, auf denen Laubbäume wachsen, machen hier die besondere Note aus. Alutaguse, das größte Waldgebiet Estlands, bedeckt nahezu den ganzen Nordosten des Landes. Hier brüten Zwergschnepfen und Moorschneehühner – Vögel, die man sonst nur schwer irgendwo anders in Estland findet. Hier wurde vor wenigen Jahren erstmals wieder der Bartkauz bei der Brut beobachtet. Die letzte Brut in Estland wurde aus derselben Gegend vor 100 Jahren dokumentiert. Hier leben außerdem Flughörnchen, Birkhühner, Auerhühner, Seeadler, Steinadler, Otter, Elche. Und natürlich gibt es hier Wölfe, Luchse und Bären. In Estland sind sie alle auf dem Vormarsch und nirgendwo gibt cs so viele wie in Alutaguse.

Anblick im besten Licht: Beim Beobachten aus einem Fotoversteck ist dies möglich.
Foto: Silver Gutmann/natourest

Estland: Seenreiches Wald- und Hügelland mit vielen Mooren. Foto: Jarek Joepera

Beobachtungshütte: Vorhänge in den Öffnungen schirmen Bewegungen ab.

Fast hübsch: Preiselbeerschiss lässt viele Details erkennen. Fotos unten: natourest

BÄREN IN ESTLAND

Estland: ein Bären-Hotspot

Estland ist zu Recht einer der Hotspots für Bear-Watching in Europa. Die Zahl der Bären wurde 2010 in dem kleinen Land, das etwa der Fläche Niedersachsens entspricht, mit 700 angegeben – Tendenz steigend. Bären gibt es überall auf dem Festland, mit einem Schwerpunkt im Norden und Nordosten – und speziell in Alutaguse. Im Süden Estlands fehlen allerdings ortsansässige Bärinnen, die Nachkommen haben. Die estnischen Bären gehören zur baltischen Bärenpopulation, die nach Russland und Weißrussland hineinreicht.

Es ist erklärtes Managementziel, den Bären, gleichmäßig über alle geeigneten Lebensräume verteilt, ein Auskommen zu gewähren. Die wachsende Population soll sich nach Süden weiter ausbreiten. In Lettland, dem südlich anschließenden Nachbarstaat, gibt es (noch) keine dauerhafte Bärenpopulation.

Konflikte wegen Schäden an Vieh sind in Estland sehr selten. Erhebliche Schäden gibt es allerdings an Bienenstöcken. 2011 zählte man 95 Fälle, die einen Gesamtschaden von 13 200 Euro verursachten. Fast alle Fälle betrafen Imker. Seit 2007 kompensiert der Staat die Verluste. Experten begutachten die Schäden. Werden sie Bären zugeschrieben, zahlt der Staat 100 Prozent des Marktpreises. Zusätzlich werden die Kosten für Vorsorgemaßnahmen, wie elektrische Zäune, zu 50 Prozent übernommen. Die Umweltkammer kann auch außerhalb der Jagdzeiten Abschusslizenzen bewilligen, wenn Bären unverhältnismäßig viele Schäden verursachen. Dies war von 2000 bis 2010 allerdings nie nötig.

Die Jagdsaison auf Bären dauert in den staatlichen Jagdgebieten außerhalb der Nationalparks vom 1. August bis zum 31. Oktober. Ziel der vom Umweltministerium vorgeschriebenen Jagd ist es, Schäden durch Bären zu minimieren. Entsprechend gibt das staatliche Waldmanagement-Zentrum (RMK) nur Regionen für die Jagd frei, in denen Bären zuvor Schäden angerichtet haben. Bärinnen mit Jungen sind von der Jagd ausgeschlossen. Im Schnitt werden fünf Bären pro Jahr in den staatlichen RMK-Jagdgebieten freigegeben.

ALUTAGUSE: EINE NACHT IN DER BÄRENHÜTTE

Am Nachmittag oder Abend geht es in die Beobachtungshütte. Leise sein, Platz nehmen und warten! Besonders während der Abenddämmerung und bei Sonnenaufgang lohnt es sich, aufmerksam zu sein. Dann ist die aktivste Zeit der Tiere. Aber auch während der gesamten Nacht sind die Chancen auf Großtierbesuch gegeben. Bei Vollmond und Schnee kriegt man sogar recht viele Details mit. Manchmal stehen Betten zur Verfügung, falls der Kampf mit dem Schlaf verloren geht. Natürlich sind die Futterstellen vor den Beobachtungsplätzen nicht nur für Bären „reserviert". Auch Wolf, Marderhund, Baummarder, Fuchs, Wildschwein und Vögel können beobachtet werden. Am Morgen gegen acht Uhr verlässt man die Hütte wieder.

Von fast null zu Beginn des 20. Jahrhunderts auf über tausend im Jahr 1990: Der Luchs in Estland hat von Aufforstungen profitiert und davon, dass Rehe stark zugenommen haben.

LUCHSE UND WÖLFE IN ESTLAND

Sie werden mehr und mehr

Die estnischen Luchse kommen nahezu überall im Land vor, sogar auf den größeren Inseln. Sie gehören zur baltischen Population. In allen Provinzen Estlands gibt es auch Nachkommen. Die Herbstzählung von 2010 ergab 790 Tiere – Tendenz steigend. Auch der Luchs gehört in Estland zu den jagdbaren Tierarten. Saison vom 1. Dezember bis zum 28. Februar.

Der nationale Managementplan veranschlagt 100 bis 130 Geburten pro Jahr und eine gleichmäßige Verteilung der Luchse über alle geeigneten Lebensräume. Der Plan sieht außerdem vor, die Zahl der Luchse um bis zu 30 Prozent zu reduzieren, wenn die wichtigste Nahrungsgrundlage – die Rehe – etwa durch harte Winter extrem reduziert ist. Nachweislich erholt sich die Rehpopulation nach so einem Winter schwer, wenn der Druck durch den Luchs groß ist.

Der Hauptkonflikt zwischen Luchsen und Jägern besteht darin, dass es Luchse und Jäger auf dieselbe Beute abgesehen haben: die Rehe. Nutztiere werden in Estland nur selten von Luchsen gerissen. 2011 mussten gerade mal 2000 Euro an Geschädigte gezahlt werden. Auch Wölfe können im ganzen Land angetroffen werden. 230 soll es geben (Stand 2010). Auch sie werden bejagt – vom 1. November bis zum 28. Februar.

Der Managementplan sieht 15 bis 20 Geburten pro Jahr vor. Die Wölfe sollen sich überall gleichmäßig übers Land verbreiten dürfen. Aber mittels der Jagd will man auch die Übergriffe auf Haustiere in den Griff kriegen. Im Gegensatz zu Bär und Luchs gibt es beim Wolf sehr wohl Schäden an Weidetieren, hauptsächlich Schafe. Schäden werden zu 100 Prozent ersetzt.

Der estnische Wolf ist nicht direkt bedroht. Die Verantwortlichen raten jedoch, die Übergriffe auf Vieh und Wild im Auge zu behalten. Die Akzeptanz könnte sich verschlechtern, der Druck stärker werden und letztendlich zu höheren Jagdquoten und illegalen Tötungen führen. Die Räude wurde in den letzten Jahren ebenfalls als potenzielle Bedrohung eingeschätzt.

In Estland setzt man auf die Jagd, um die Akzeptanz für die rund 500 estnischen Wölfe aufrechtzuerhalten.

MIT BÄR, WOLF UND LUCHS AM STRAND

Der 1971 gegründete Nationalpark Lahemaa ist der größte und älteste Nationalpark Estlands. „Lahemaa" heißt „Land der Buchten". Der Name bezieht sich auf den Küstenabschnitt des Parks. Der Landanteil macht zwei Drittel des Schutzgebiets aus. Mit 47 410 Hektar ist dieser rund doppelt so groß wie der Nationalpark Bayerischer Wald. Die landschaftliche Vielfalt ist immens: Es gibt Hochmoore, Urwälder, Wälder entlang von Klippen und tief in Kalkstein eingeschnittenen Schluchten. Und überall liegen teils riesenhafte erratische Blöcke – Felsbrocken, die während der Eiszeit von den kontinentalen Eismassen von Finnland her nach Süden geschoben wurden. Eine Besonderheit ist, dass man hier Bär, Wolf und Luchs auf Meereshöhe

Kein Grund, grimmig zu sein: Bären vergreifen sich in Estland kaum an Vieh.

Wird im Auge behalten: darf sich ausbreiten, soll aber keinen Schaden machen.

Auf der Suche nach einem Bären-Winternest

Wie spannend es sein kann, einer Bärenspur im Wald von Alutaguse zu folgen, beschreibt Bert Rähni. Der Naturkundler arbeitet mit dem Anbieter „Natourest" zusammen. Sein Bericht erschien im März 2012 im „Looduskalender", einer Website estnischer Naturfreunde:

Die Zeit, während der man bei uns Bärenspuren im Schnee entdecken kann, ist nur ganz kurz. Es gelingt nur im Spätwinter oder Frühjahr, wenn die ersten Bären bereits aufgewacht sind, aber der Schnee im Wald noch nicht ganz verschwunden ist.
Dann ist die Gelegenheit günstig, ihre Spuren zu verfolgen, um so mehr über die Tiere herauszufinden. Die Fährten von Wolf und Luchs sieht man den ganzen Winter, aber um Bären erfolgreich nachzuspüren, dafür gibt es nur diese ganz seltenen Tage im Spätwinter. Meist bietet sich dann auch nur bei männlichen Tieren die Chance. Wenn die Weibchen aufwachen, ist der Schnee meist schon geschmolzen.

Unser Trip führt uns entlang endloser Forststraßen und Lichtungen. Wir fahren, fahren und fahren. Immer wieder halten wir an großen Spuren, die sich aus der Nähe betrachtet dann als alte Elchspuren herausstellen. Wenn der Schnee schmilzt, vergrößern sich die Abdrücke, und das führt einen – wortwörtlich – auf die falsche Fährte. Nichts sonst. Unsere Hoffnung schwindet und wir haben bald die Nase voll. Wahrscheinlich sind die Bären einfach noch nicht wach. Aber nun sind wir schon mal im Wald, und wir beschließen, wenigstens mal die Skier anzulegen. So haben wir immerhin die Chance, ungeräumte, für Autos nicht passierbare Forststraßen zu überprüfen.

Am Nachmittag machen wir uns auf den Weg in Richtung Sirtsi-Moor. Die Bedingungen sind ideal, die Ski tragen und gleiten gut. Marderhunde, Marder, Frettchen, Füchse, Schneehasen, Elche und Wildschweine – jede Menge Spuren. Nach einigen Kilometern rutsche ich plötzlich über eine große Fährte. Vollbremsung! Verdammt, ein Bär! Ganz frische Spuren! Große Abdrücke!

Und jetzt? Schneeschuhe haben wir nicht mitgebracht und Skilaufen entlang von Bärenspuren kann ganz schön beschwerlich sein. Egal, probieren wir es mit den Skiern. Wir wenden unsere Ski in die Richtung, aus der die Spuren kommen. Wir hoffen, ein Winternest zu finden. Zunächst kommt es aber, wie es kommen muss:

Der Bär war durchs Unterholz getappt und hatte sich wie üblich entlang von Gräben bewegt, wo es für ihn auf dem Eis bequem zu gehen ist. Schließlich kommen seine Spuren aus einem Windwurfdickicht heraus. Nichts wie hinterher, auch wenn wir uns durchs Dickicht kämpfen müssen. Dann weiter, über Gräben hinweg, wobei wir immer wieder mit den Skispitzen im Schnee feststecken. Irgendwann entschließe ich mich, meine Ski zu tragen. Nie wieder werde ich meine Schneeschuhe vergessen! Für Wanderungen entlang von Tierspuren sind sie unschlagbar.

Immer wieder fühle ich, dass jetzt ... jetzt, bald, dass das Winternest da jetzt irgendwo sein muss. Das Gelände scheint einfach ideal dafür zu sein. Schließlich finden wir einen Platz, an dem der Bär ein paar Äste zusammengescharrt hat, um trockener zu liegen.

Er könnte hier geschlafen haben, seine Winterruhe hat er hier aber nicht gehalten. An einer weiteren Stelle finden wir deutliche Kratzspuren an einer Kiefer, rund um den Baum, sowohl unten als auch höher am Stamm. Im Schnee um den Baum sind frische Rindenstückchen verstreut. Man sagt, dass männliche Bären auf diese Weise ihr Revier markieren. Wir finden dann auch noch einen morschen Baum, den der Bär umgerissen hat, offenbar um Insekten zu finden.

Das alles ist sehr aufregend, aber nun wird es dunkel. Die Hosen sind nass vom Stampfen im Schnee ohne Schneeschuhe. Ganz zu schweigen von den Stiefeln ... Der Spurenweg, vom GPS gespeichert, zeigt, dass wir eine s-förmige Tour von einigen Kilometern hinter uns haben. Nun müssen wir uns geschlagen geben. Das Winternest werden wir nicht mehr finden. Also kehren wir auf die Straße zurück und fahren auf Skiern zurück zum Auto. – Bär, wir kommen wieder ..."[QR 13]

ÄNGSTLICHE MAMA

Für gewöhnlich beginnt die Winterruhe der estnischen Bären im November und dauert bis März/April. Neugeborene Bären sind sehr klein, ihr Geburtsgewicht liegt unter 500 Gramm. Wenn im Januar und Februar eine führende Bärin aus ihrer Höhle gescheucht wird, kehrt sie in der Regel nicht zu ihren Jungen zurück. *Quelle: Staatliches Wald-Management Zentrum (RMK)*

Winterhart: Bären können auch im Freien die kalte Jahreszeit überdauern.

Perfekter Nestbau: Da konkurriert der Bär mit dem Adler. Foto: natourest

Für ihr Winternest sammeln Bären Äste und Zweige in der Umgebung.

Südosteuropa

Graf Dracula, Zeus und die Rote Zora hatten
sie bereits für sich entdeckt, die Gebirge im
Südosten: die Karpaten, den Olymp und die
Dinariden. Die Region ist geradezu ein Netz von
Gebirgsketten, das die herrlichen Naturräume
der Region miteinander verbindet. Bär, Luchs
und Wolf wurden dorthin zurückgedrängt und
können sich heute entlang der Gebirgsachsen
wieder ausbreiten.

RUMÄNIEN

Im Paradies von Wolf, Bär und Luchs

Da ist Platz. Bär und Luchs haben sich in den gebirgigen Wäldern Rumäniens auf rund 70 000 Quadratkilometern – das ist ein Drittel der Landesfläche – ausgebreitet, Wölfe sogar auf 90 000 Quadratkilometern. Herdenschutzhunde leisten gute Dienste; es gibt wenig Schäden am Vieh. Deshalb klappt auch das Zusammenleben mit den Menschen hier noch immer recht gut. Trotzdem gibt es Verbesserungsbedarf.

WOLF, BÄR UND LUCHS IN RUMÄNIEN

Tausende Tiere

6000 Bären gibt es in Rumänien. Sie stellen nach offiziellen Angaben bis zu 40 Prozent der Europäischen Population westlich von Russland. Das sind nicht nur viele, das sind nach einem EU-Bericht, der den Status der großen Carnivoren in Europa beleuchtet, sogar zu viele! Demnach wären 4000 Bären genug. Macht 2000 überzählige Bären! Wie kann das sein?

Von Menschengemachte Futterquellen sollen dafür verantwortlich sein. In den Fruchtplantagen von Dealul Negru, Bistriţa, versammeln sich jedes Jahr bis zu 75 Bären auf 650 Hektar. In Domneşti, Argeş, kommt man sogar auf 80 Bären auf 300 Hektar.

Wie Alaska-Bären mit Lachs mästen sich hier die Bären für die Winterruhe mit Äpfeln und Pflaumen. Dabei fressen sie nicht nur Früchte, sondern brechen auch Äste ab und werfen sogar Obstbäume um. In den 1980er-Jahren, als die Bärenzahlen ein Maximum erreicht hatten, entstanden dabei Schäden von rund 6 Millionen Euro jährlich.

Der Wildbiologe Christoph Promberger beurteilt die Situation anders: „Das Hauptproblem ist, dass niemand wirklich weiß, wie viele Bären es gibt. Die offiziellen Angaben sind nicht verlässlich. Wenn Bären gezählt werden, kommt es vielfach zu Mehrfachzählungen, weil Bären weit wandern und es keinen Abgleich der Bestandszahlen zwischen den einzelnen Revieren gibt." Auch die vom Ministerium und vom forstlichen Forschungsinstitut berechneten Optimalzahlen kritisiert Promberger. „Das System ist dynamisch. Je nach Eichel- oder Buchenmast, Trockenjahr oder Beerenvorkommen variieren die Populationszahlen. Insgesamt kann es nicht zu viele Bären geben", sagt der Wildbiologe, „außer die Bären würden permanent intensiv gefüttert. Davon kann keine Rede sein. Die angesprochenen Obstplantagen sind ein sehr regionales Phänomen."

Die EU-Kommission gibt auch für den rumänischen Luchs Europarekord-verdächtige Dichten an. Sie geht von 1200 bis 1500 Tieren aus. Dazu Christoph Promberger: „Die Dichte der Luchse ist in Rumänien ganz sicher nicht rekordverdächtig. Vielmehr leiden die Luchsbestände erheblich, insbesondere weil Schalenwild, die Beute der Luchse, stark gewildert wird."

Der Wolf ist nach EU-Angaben mit 2300 bis 2700 Tieren in Rumänien vertreten. Dazu Promberger: „Die Art ist noch weit verbreitet, aber wie bei Bären und Luchsen weiß niemand wirklich, wie hoch die Bestände tatsächlich sind. Das große Problem ist auch für den Wolf der Rückgang des Schalenwilds. Wilderei an Wölfen findet statt. Aufgrund ihrer hohen Reproduktionsfähigkeit haben Wölfe jedoch die Möglichkeit, dies auszugleichen."

Die Viehhaltung wird noch immer traditionell ausgeübt, also mit Schäfern und Herdenschutzhunden. Dadurch gibt es praktisch keine Schäden an Haustieren. Andererseits gehen Umweltprobleme auch an Rumänien nicht vorüber. Neue private Eigner ehemalig staatlicher Waldflächen holzen Urwälder gnadenlos ab.

BÄR-WATCHING-ETIKETTE

Die „Fundatia Conservation Carpathia" (FCC) setzt sich dafür ein, die verbliebenen Urwälder zu erhalten. Sie bietet außerdem Bär-Watching-Touren an, die folgende Kriterien erfüllen: Keine übermäßige Fütterung; keine tierischen Kadaver (üblich sind sonst oft antibiotikaverseuchte Schweinekadaver aus Mastbetrieben); 50 Meter Mindestabstand zu den Bären; natürlich wirkende Futterplätze ohne Apparate; Konfliktmanagement, sobald Bären ihre Scheu zu sehr verlieren. *Quelle: carpathia.org*

Viele wilde Beutetiere, weniger Verluste beim Vieh: Diese Formel trifft auch für Rumänien zu, wo sich Wildpopulationen erholen konnten. Foto: Petrescu Daniel/IBIS Tours

BÄR & CO ERLEBEN IN RUMÄNIEN

Vielfältige Angebote

In Rumänien ist vieles möglich: Es gibt geführte Wanderungen zu Beobachtungspunkten. Von dort aus bekommt
man alle drei Tierarten zu sehen. Zudem ist es möglich,
Bären aus Verstecken heraus zu beobachten. Die meisten
Angebote bestehen für den Raum Brasov-Zărnești, zweieinhalb Autostunden nördlich der Hauptstadt Bukarest.

Beobachtung vom Aussichtspunkt aus

Die Anbieter führen die Trips im Sommer und im Winter durch –
teilweise auch in Begleitung eines Wissenschaftlers. Die Touren
starten mitunter früh, im Winter teils um 5.30 Uhr, im Mittsom-
mer schon um 3 Uhr. Ausdrücklich heißt es: „Eine gute Fitness ist
Voraussetzung", und: „Sie müssen mit Schlafmangel klarkommen."
Andere Anbieter lassen es relaxter angehen und verzichten auf die
Morgenpirsch.

In der Beschreibung der Frühtour heißt es: „Man muss vor Ort sein,
bevor die Luchse etwa um 8 Uhr schlafen gehen." Die Teilnehmer
sind zunächst mit dem Auto unterwegs und wandern dann 30 bis
60 Minuten zu einem Aussichtspunkt. In diesem Gebiet verbringen
sie mehrere Stunden und warten. Nach längeren einer Pause un-
tertags – für Aktive gibt es weitere Programmpunkte – geht es am
Abend noch einmal ins Gelände. Erst gegen 22 oder 23 Uhr kehren
die Teilnehmer in ihre Unterkünfte zurück.

Die Wahrscheinlichkeit, auf einer solchen Tour einen Luchs oder
einen Wolf zu sehen, geben die Veranstalter mit 40 bis 60 Prozent
angegeben. Für die Sichtung eines Bären gibt es eine 80- bis 90-Pro-
zent-Garantie. Es wird grundsätzlich davor gewarnt, „smelly things"
wie Parfüms oder stark riechende Cremes aufzutragen. Die Düfte
könnten Bären anlocken.

Beobachtung vom Versteck aus

Teilweise werden zum Beobachten aus Verstecken noch die alten
Jagdeinrichtungen aus sozialistischen Zeiten verwendet. Angeboten
werden kleine und große Beobachtungshütten. Bis zu 16 Personen
kommen darin unter. Die Veranstalter werben auch damit, dass die
Bären aus nächster Nähe zu sehen sind und an die Außenwände
der Verstecke kommen, um dort zu schnüffeln. Es wird sogar davor
gewarnt, die Tiere anzufassen!

Die Mitarbeiter füttern unter anderem mit Mais und Nüssen an.
Diese füllen sie in hohle Baumstämme oder Bäume und bedecken sie
zum Teil mit Steinen. Schon zwei Minuten nachdem ein Mitarbeiter
das Futter ausgebracht hat, sollen die ersten Bären auf der Bildfläche
erscheinen. Manchmal werden sogar schon auf dem Weg zum Versteck Bären gesichtet. Oft finden sich mehrere Bären ein. Interakti-
onen zwischen den Tieren sind möglich. Beobachter berichten von
bis zu 19 (!) Bären an einer Futterstelle. Die Tiere sind gelegentlich
schon am Nachmittag und Abend so gut zu beobachten, dass die
Besucher die Verstecke bereits am selben Abend wieder verlassen.
Solche Zustände sind nach der Meinung von Wildbiologen unver-
antwortliche Sensationshascherei. Sie weisen darauf hin, dass es
sehr gefährlich werden kann, wenn sich Bär und Mensch zu nahe
kommen, wenn sich zu viele Tiere versammeln, oder sie durch die
Fütterungen nahe an Straßen oder Siedlungen gelockt werden.

DIE ANTI-BÄR-WATCHING-PATROUILLE

Um die Jahrtausendwende wurde bekannt, dass man in Racadau,
einem Vorort von Brasov, wilde Bären an Müllcontainern beobachten
kann. Einheimische führten Touristen an den Ort. Die Bären ließen
Menschen sehr nahe an sich heran. Aber dennoch blieben die Tiere,
was sie sind: große, unberechenbare, potenziell gefährliche Tiere. Im

Oktober 2004 kam es zur Katastrophe: Ein Bär tötete einen Einheimischen. Ein öffentlicher Aufschrei war die Folge, verbunden mit
der Forderung, die Bären zu erschießen. Die Rettung war schließlich
eine Patrouille, die Bär-Watcher davon abhielt, dort nach Bären zu
schauen. *Quelle: roving-romania.co.uk; brasov-visitor.ro*

Die Urwälder Rumäniens: Sie schwinden, aber noch kann man sie und ihre Bewohner erleben. Alle Fotos: Petrescu Daniel/IBIS Tours

Einer von 6000 rumänischen Bären: Nirgendwo in der EU gibt es mehr.

Traditionelle Landwirtschaft: Man ist relativ gut auf Beutegreifer eingestellt.

BULGARIEN

Der Bär tanzt nur noch im Wald

Tanzbären hatten in Bulgarien lange Tradition. Kaum ein Touristenort, an dem man sie nicht für Geld vorführte. Nach Angaben der Tierschutzorganisation „Vier Pfoten" konfiszierten Behörden 2007 die letzten bulgarischen Tanzbären. Damit hat dieses traurige Kapitel systematischer Tierquälerei ein Ende. Kaum ein Reisender wird dies als Verlust empfinden. Heute steht die Natur des Landes im Fokus. Das offizielle Tourismusportal Bulgariens wirbt etwa mit den Rhodopen als dem „Gebirge der Langlebigkeit". Es spielt auf eine angeblich große Zahl von Hundertjährigen an. Die Menschen leben hier ein einfaches, aber offensichtlich gesundes, Leben. Bären können hier ebenfalls alt werden. Für sie sind die ursprünglichen Wälder der Rhodopen Naturoasen – in denen vielleicht manchmal sogar so etwas wie Tanzlaune aufkommt. Foto: Dominique Wyss/ Stiftung für Bären

Naturidyll in den Westlichen Rhodopen, der Heimat der Großen Drei. Foto: Dimiter Georgiev/Neophron Tours

Stimmung auf der Kippe

In Bulgarien gibt es zwei Bärenpopulationen, die miteinander verbunden sind. Eine Population mit 100 bis 130 Tieren kommt im Nationalpark Zentrales Balkangebirge vor. Die zweite mit 430 bis 460 Individuen breitet sich im Süden des Landes, in den Rhodopen, aus. Hier stellen zwei Nationalparks, Rila and Pirin, als naturbelassener Raum die Lebensgrundlage für die Bären sicher.

Die bulgarischen Bären sind grundsätzlich geschützt und werden per jährlich festgelegter Quote bejagt. Das Management ist zentralisiert und wird vom Umweltministerium geleitet. Ein sogenanntes nationales Bärenkomitee legt die Managementmaßnahmen fest. Das Komitee setzt sich aus Ministeriumsvertretern, Umweltschutzorganisationen, Wissenschaftlern und Vertretern des Nationalen Jagdverbands zusammen. Die Hauptziele des Managementplans sind, die

Populationen zu erhalten und Schäden durch Bären einzudämmen. Das Umweltministerium kompensiert bestätigte Schäden zu 100 Prozent. Mittlerweile werden elektrische Zäune auch an Haushalte ausgeteilt, die schwer betroffen sind.

Dennoch sind die bulgarischen Bären durch eine Reihe von Vorkommnissen bedroht: Im großen Stil werden vor allem naturnahe Buchen-, Eichen- und Mischwälder in monotone Nadelwälder umgewandelt. Das verschlechtert die Nahrungsgrundlage der Bären. Neu entstehende Straßen, Eisenbahnlinien und Dämme zerschneiden die Lebensräume. Wildtierfütterungen und illegale Mülldeponien verleiten die Bären dazu, Orte aufzusuchen, an denen es ähnlich riecht. Das bringt sie in die Nähe von Menschen und führt unweigerlich zu Konflikten. Und noch immer tötet man Bären illegal: Sie werden als Vergeltung und zur Vorsorge für entstandene Schäden erschossen, in Fallen gefangen oder vergiftet. Lokal ist die Akzeptanz entsprechend gering.

Die bulgarischen Bären ziehen Mischwälder den Nadelwald-Monokulturen vor.

Noch bis 2010 wurden in Bulgarien Kopfprämien für getötete Wölfe gezahlt.

Das gilt erst recht für den Wolf. Das Verhältnis der Bulgaren zu ihren Wölfen befindet sich im Umbruch: Es droht zu kippen. Das Wolfsgebiet geht über das der Bären weit hinaus. Man rechnet mit 1000 Tieren. Konflikte mit Viehhaltern gibt es überall, wo Wölfe anzutreffen sind. Noch bis 2010 zahlte man Kopfprämien für getötete Wölfe. In den Jahren davor wurden jährlich rund 380 getötete Tiere gemeldet. Der Wolf gehört weiterhin zum jagdbaren Wild. Wenn die Abschussprämien wegfallen, werden die Tötungen jedoch nicht mehr angezeigt. Dadurch wird es schwieriger, die Bestände abzuschätzen. Das Kompensationssystem funktioniert nicht. Auch dies trägt dazu bei, dass die Akzeptanz schlecht ist.

INFOZENTRUM FÜR GROSSE CARNIVOREN

Das Infozentrum liegt im Ort Vlahi am Fuß der Pirin-Berge, zweieinhalb Autostunden südlich der Hauptstadt Sofia, an der Grenze zu Griechenland. Wer auf einer Bulgarienreise etwas über das Leben der Großcarnivoren erfahren möchte, ist hier an der richtigen Stelle. Im Infozentrum legt man großen Wert auf interaktives Lernen. Die Besucher können Knöpfe drücken, Türen und Kisten öffnen und erfahren so, wie es etwa im Magen eines Bären oder in der Höhle eines Wolfs aussieht. Partner des Large Carnivore Centre ist die Balkani Wildlife Society. Auch die Deutsche Bundesstiftung Umwelt fördert das Projekt.
Quelle: visitcarnivorebg.org

Geheimtipp für Bär-Watcher

Noch immer finden nur wenige Westeuropäer den Weg in die Rhodopen, dieses abgelegene Hochgebirge an der Grenze zu Griechenland. Noch weniger Besucher wagen sich dorthin, um auf einen Bären zu treffen. Kathie and Mick Claydon trauten sich zusammen mit Neophron Tours und waren im Mai prompt erfolgreich.

Wir wollten Europäische Braunbären beobachten. In Skandinavien bekommt man schon fast eine Garantie dafür, dass man Bären sieht. Aber daran hatten wir kein Interesse. Wir erfuhren, dass man auch in Bulgarien Bären erleben kann und dass „Neophron Tours" einen kombinierten Bären- und Vogeltrip im Frühjahr anbietet. Wir

lernten Dimiter Georgiev von Neophron Tours auf einer Messe, der British Birdwatching Fair, kennen. Die Berichte zu Bulgarien klangen gut und auch die Kosten schienen okay zu sein. Also, wir versuchen es. Auf dem Trip sind wir nur zu zweit. Die meiste Zeit verbringen wir in den wunderschönen Wäldern der Rhodopen, im Südwesten des Landes. Alles ist ausgezeichnet organisiert, Unterkunft und Essen sind exzellent. Bei unserem Führer, Iordan Hristov, fühlen wir uns gut aufgehoben. Er kennt das Gebiet und die Tiere, zeigt die richtige Balance zwischen Professionalität und Freundlichkeit und lässt uns jeden Tag unser eigenes Tempo bestimmen. Alles ist sehr flexibel. Nur ein Ranger und unser Führer begleiten uns. Wir finden es richtig, dass sie uns nicht garantieren, dass wir einen Bären sehen werden. Sie vermitteln uns vielmehr, dass man dafür viel Glück braucht und

Zähnegeklapper: Wenn Bären sich drohen, schlagen sie in schnellem Takt die Kiefer aufeinander.

sich auch ganz ordentlich anstrengen muss. Wir sind begeistert, wie man hier das Bären-Beobachten organisiert. Wir erleben wirklich das Gefühl von weit abgelegener Wildnis. Zuerst sind wir im Geländewagen auf langen, holprigen und steilen Forststraßen unterwegs. Dann wandern wir noch weiter nach oben. Schließlich erreichen wir offene Wiesen. Dort angekommen beziehen wir eine der Beobachtungshütten. Sie so in den Hang hinein gebaut, dass man sie von draußen kaum entdeckt. Innen sind sie sehr rustikal und einfach.

Und dann haben wir auch noch richtig Glück: Unseren ersten Bären sehen wir schon am selben Abend. Er erscheint lange bevor es dämmert und läuft direkt auf unser Versteck zu. Wir halten den Atem an. Ganz schön spannend!

DA, ABER SCHWER NACHZUWEISEN

Langsam kommen die Luchse nach Bulgarien zurück. Nach 65 Jahren der Ausrottung wurde ein Bestand von mindestens sieben Individuen ermittelt – Prognose: vermutlich wachsend. Der erste Fotonachweis eines bulgarischen Luchses gelang nach Angaben der „Large Carnivore Initiative for Europe" erst 2008. Dazu heißt es: „Die Tatsache, dass es so lange dauern kann, einen Luchs nachzuweisen, ist ein Beleg für dessen heimliche Lebensweise."
Quellen: Status, management and distribution of large carnivores in Europe und lcie.org

Spurenkunde für Anfänger: Läuft die Spur gerade voll, ist der Bär nicht weit ...

Bärenbeobachterversteck: in den Hang gebaut und gut in die Natur integriert

Balkangämse: als Lawinenopfer auch eine Beute für Bären. Fotos r. S.: Neophron Tours

Hier würde es auch Callisto gefallen

Griechenland – Das bedeutet für viele Ägäis, Akropolis und Götter der Antike. Kaum ein Griechenland-Urlauber hat hier Bär, Wolf und Luchs auf dem Plan. Während der Luchs tatsächlich sehr selten ist, breiten sich Bär und Wolf seit Jahren aus. Kerngebiete der Arten sind vor allem die Gebirge im Norden. Die nördlichen Pindos-Berge etwa weisen die größte Vielfalt an Lebensräumen in Griechenland auf. Auf mediterrane Vegetation folgt in der Höhe Eichenwald, folgt Kiefernwald, folgen alpine Matten. Hätte Zeus die in eine Bärin verzauberte Callisto nicht in das Sternbild des Großen Bären versetzt, würde auch sie hier sicher noch ein Auskommen haben. Foto: Armin Riegler

Eine Bärin bricht in Tsotili (Kozani) in einen Garten ein. Vorsorge und Entschädigung sind in Griechenland noch ausbaufähig. Alle Fotos: Armin Riegler

Gefährliche Situation: Im Straßengraben entsorgter Hausmüll provoziert Verkehrsunfälle mit Bären.

Seltenes Foto: ein Wolf-Hund-Hybride – zu erkennen am falschfarbenen Fell. Aufgenommen an einem Büffelkadaver.

BÄREN UND WÖLFE IN GRIECHENLAND

Odyssee für die Arten, Sisyphusarbeit für die Artenschützer

Wölfe gibt es überall auf dem griechischen Festland. Bären hingegen findet man in Griechenland in zwei getrennten Populationen, die rund 250 Kilometer voneinander getrennt sind. Das eine Gebiet liegt in den Pindos-Bergen mit einer Verbindung zu den Bären des Dinarischen Gebirges in den Ex-Jugoslawien-Staaten. Das zweite Gebiet sind die Rhodopen, ganz im Norden Griechenlands, an der Grenze zu Bulgarien. Griechische Wölfe und Bären befinden sich gewissermaßen auf einer Odyssee. Sie weiten ihr Verbreitungsgebiet aus – Wölfe streunen bereits wieder vor den Toren Athens – und sind dabei unzähligen Gefahren ausgesetzt. Man trifft sie heute in Gegenden an, wo sie teils seit 40 bis 60 Jahren nicht mehr angetroffen wurden.

Die Gesamtpopulation der Bären wurde 2012 auf 350 bis 400 Tiere geschätzt, die der Wölfe auf 700 (Erhebung 1999; die aktuellen Zahlen für die Wölfe liegen heute wohl höher). Die Bären werden in der griechischen Roten Liste als „gefährdet" eingestuft, die Wölfe als „verletzlich". Zwar gibt es für Bären seit 1996 einen Managementplan, dieser wurde jedoch bislang nicht für rechtsgültig erklärt. Einige Vorschläge werden umgesetzt. Zum Beispiel schließen die Behörden während der Jagdsaison bestimmte Forststraßen, damit die Bären der Gegend nicht gestört werden. Für Wölfe ist ein Managementplan noch immer nicht aufgesetzt.

Wildtier-Mensch-Konflikte gibt es im gesamten Verbreitungsgebiet. Beim Vieh, bei Haustieren, Bienen und Kulturen entstehen Schäden. 2013 wurde der Schaden durch Bären auf über 140 000 Euro veranschlagt. Wölfe töteten 20 000 Schafe, 2000 Stück Vieh und 2000 Pferde und Esel. Der Schaden belief sich auf bis zu 1,5 Millionen Euro. Eine national agierende Versicherungsorganisation für Landwirte (ELGA) organisiert die Entschädigung, springt aber erst ab einem Schaden von 200 Euro pro Angriff ein. Auch sonst müssen Bauern Abstriche hinnehmen. So ersetzt die ELGA den Ernteausfall bei Obst, nicht jedoch die Schäden an den Bäumen. Die Kuh wird ersetzt, nicht jedoch die verlorene Milch. Die Bauern geben viele Schäden gar nicht erst an. Sie scheuen die bürokratischen Hürden und machen häufig die Erfahrung, dass viele Anträge auf Kompensation abgelehnt werden. Aber die Situation verbessert sich auch. Elektrische Zäune und Hütehunde sind in den letzten Jahren verstärkt zum Einsatz gekommen.

Für die Bären und Wölfe des Pindos-Gebirges ist die Egnatia-Autobahn ein großes Problem. Sie führt mitten durch das Bären-Kerngebiet. Allein zwischen 2009 und 2012 wurden dort 17 Bären getötet. Probleme mit Bären, die sich an Futterquellen in der Nähe von Menschen gewöhnen und sich Gebäuden annähern, haben ebenfalls zugenommen. Die griechischen Bären und Wölfe sind häufig durch die Landbevölkerung bedroht. Oft ist Selbstschutz das Mittel der Wahl. Die Bauern erschießen die Tiere oder sie legen Giftköder aus. Schätzungsweise 5 bis 7 Prozent der Bärenpopulation ist dadurch betroffen, bei den Wölfen sind es sogar 25 Prozent. Zudem sind die Wildbestände, etwa die von Rehen, sehr klein. Das beraubt die Wölfe ihrer natürlichen Nahrungsgrundlage und verschlechtert die angespannte Situation zusätzlich.

IM ZWEIFEL WAR'S EIN WOLF

In Griechenland sind streunende Hunde ein weitverbreitetes Phänomen. Man findet sie in der Nähe von Dörfern, Müllplätzen, Schlachthöfen und sogar in den Bergen. Auch sie verursachen große Schäden an Weidetieren. Oft wird der entstandene Schaden jedoch den Wölfen zugeschrieben. Wo Hunde und Wölfe zusammen in einem Gebiet vorkommen, werden Hunde zur Beute von Wölfen. Bastardisierungen von Wolf und Hund sind wohl eher selten. *Quelle: Callisto*

Der erste Bär nach fünf Minuten!

Thomas Wiltner bereist seit 25 Jahren Griechenland. 2013 ist er zum ersten Mal im Norden Griechenlands unterwegs. Er schließt sich der Organisation Callisto an, um Bären zu beobachten – und wird nicht enttäuscht.

Das nenn ich Glück! Kaum bin ich im August zum Familienurlaub in den Norden Griechenlands zurückgekehrt, schon finde ich Antworten auf die vielen Fragen zu den Bären, die mich seit meinem letzten Aufenthalt im Juni beschäftigt hatten: Wie viele Bären gibt es eigentlich in Griechenland? Worauf muss ich als Alleinreisender und -wanderer achten, wenn ich im Bärenland unterwegs bin? Kann es gefährlich werden?

Am ersten Tag werden wir von einer freundlichen Frau angesprochen: „Wir sind aus Österreich, leben aber hier in Griechenland." Susanne und ihr Mann Armin Riegler erweisen sich als tolle und wertvolle Bekanntschaft! Sie gehören zur Organisation Callisto (siehe Kasten). Seit 2000 arbeiten sie an verschiedenen Wildschutzprojekten in Griechenland mit. Sie sind hier wohl die Institution in Sachen Bären und Wölfe. Als Tierärztin und Wildbiologe bringen sie die fachliche Qualifikation mit. Und Susanne und Armin sind auch menschlich richtig gut drauf. Schon allein deshalb eignet sich wohl niemand besser dafür, in Griechenland Bären zu zeigen.

Zur Begrüßung haben sie gleich die richtige Ankündigung auf Lager: „Wir haben frische Bärenspuren ganz in der Nähe entdeckt. Wollt ihr morgen mit uns Bärenschauen gehen?" Klar wollen wir! Und so marschieren vier Erwachsene und vier Kinder unbefangen durchs Bärengebiet. Mit Profis an der Seite ist das gut zu machen. Wir betrachten Bärenspuren, Bärenkot und setzen uns schließlich an einen Aussichtspunkt.

Keine fünf (!) Minuten später entdeckt Susanne den ersten Bären am Waldrand. Kennerauge! Es ist nur ein stecknadelkopfgroßer dunkler Punkt in der Landschaft. Aber er bewegt sich! Eindeutig! Wir sind ganz froh, dass er weit genug weg ist, hoffen aber gleichzeitig, dem Motiv doch etwas näher sein zu können. Prompt tauchen weitere Bären auf. Vier Sichtungen gelingen uns insgesamt. Währenddessen hat sich einer durchs Unterholz bis zu einem Feld vor uns durchgeschlagen. Ich mache mein erstes Bärenfoto. Nicht angefüttert. Natur pur. Wir sind begeistert!

CALLISTO: FÜR BÄR, WOLF UND LUCHS IN GRIECHENLAND

Callisto ist eine griechische Nichtregierungsorganisation, deren wissenschaftliche Arbeit den Großcarnivoren und anderen Tieren Griechenlands gewidmet ist. Die Organisation erforscht die Biologie der Tiere und setzt sich trotz oftmals großer Widerstände für deren Schutz ein. Callisto wurde 2004 gegründet. Hauptarbeitsgebiet sind die Pindos- und Grammos-Berge sowie die Rhodopen. Callisto bietet auch geführte Touren an. *www.callisto.gr*

Bärin und Jungtier: Zum Säugen legen sich die Bärinnen gern auf den Rücken. Ihre Milch ist mit bis zu 46 Prozent Fettgehalt sehr nahrhaft.

Bärenheimat: Mischwald nahe Kipourio (Grevena) im nördlichen Pindos-Gebirge mit Eichen und Wacholder.

Kommst du? Für eine bessere Übersicht stellen sich Braunbären gern auf die Hinterbeine. Alle Fotos: Armin Riegler

Ralf Bürglin im Gespräch mit Monika Weymann/Programm Natur

Herr Bürglin, wie sind Sie auf Bär, Wolf und Luchs gekommen?
Das war in den Abruzzen, in Italien. Ich wanderte allein und entdeckte eine Höhle. Ich lief etliche Meter hinein, und erst nachdem sich meine Augen an die Dunkelheit gewöhnt hatten, bemerkte ich, dass überall zwischen den Felsen Bärendreck herumlag. Wie ein Blitz fuhr es da durch mich hindurch.

Sie hatten Angst?!
Na und wie! Bei der Menge an Bärendung wurde mir sofort klar, dass da nicht mal zufällig ein Bär vorbeigekommen war. Ich wusste: Hier *wohnt* einer! Da der Höhlenboden unübersichtlich war, konnte ich nicht sehen, ob irgendwo noch ein Bär kauerte.

Wie haben Sie reagiert?
Ich ging langsam zurück, babbelte irgendwas vor mich hin und traute mich fast nicht, nach links und rechts zu schauen. Aber kaum war ich aus der Höhle draußen, hat sich die Stimmung gedreht, und ich hab zu mir gesagt: „Hey Mann, du warst in einer Bärenhöhle!" Ich fühlte mich total aufgedreht.

Was war Ihre schönste Begegnung?
Das war mein Dinner mit Bär, das auf einer Pazifikinsel in Kanada stattfand. Für eine Reportage hatte ich mich dort von Indianern absetzen lassen und verbrachte zwei Wochen allein auf der Insel. An einem Abend während der Lachssaison saß ich vor meinem Zelt und brutzelte mir irgend etwas, als ein Schwarzbär vorbeischaute. Er schnappte sich einen Lachs aus dem Fluss und fraß ihn dann zehn Meter neben meinem Essplatz – ganz gemütlich im Liegen.

Und da hatten Sie keine Angst?
Tatsächlich nein. Ich kannte den Bären. Er hatte die Tage zuvor quasi für mich „gemodelt": Er fischte Lachse und ich fotografierte ihn dabei. So konnten wir uns beide gegenseitig kennenlernen.

Aber so dicht bei einander, war das nicht gefährlich?
Ich fühlte mich sicher. Der Bär war gesund und es gab mehr Lachs, als er bewältigen konnte. Er hatte also keinen Anlass, irgendwas mit mir auszuprobieren, um an Futter zu kommen. Es war ein einmaliges Erlebnis, das mich bis heute begeistert und inspiriert.

Und so kamen Sie dazu, dieses Buch zu machen?
Ja, so hat alles angefangen. Nach vielen Jahren in Kanada und unzähligen Beobachtungen erinnerte ich mich an mein Erlebnis in den Abruzzen und dachte: Wir haben doch in Europa auch große Carnivoren, die man beobachten kann. Einige Orte kannte ich bereits, aber mit der Recherche stellte ich fest, wie viele Möglichkeiten es tatsächlich gibt – und vor allem: wie viele Menschen sich dafür begeistern.

Wie erklären Sie sich diese Begeisterung?
Es gibt sicher mehrere Gründe. Die Größe, Eleganz und Stärke dieser Tiere spielt eine Rolle. Die Seltenheit. Die potenzielle Gefährlichkeit und Wildheit von Wolf und Bär. Ich konnte einmal dabei

Qr-Codes

Nachstehend finden Sie eine Linkliste, die Ihnen mit Hilfe von QR-Codes (englisch für "Quick Response") - einem von der Firma Denso Wave entwickelten Code – mit Ihrem Smartphone einen schnellen und einfachen Zugriff auf die verlinkten Seiten ermöglicht. Alles, was Sie dazu benötigen, ist ein QR-Code-Reader, den Sie kostenlos in den diversen App-Stores herunterladen können.

QR 3 | Film: Baer vertreidigt Beute gegen Woelfe | S. 14
www.m.kosmos.de/14593/v1

QR 4 | Audio Wolf | S. 17
www.m.kosmos.de/14593/a3

QR 1 | Audio Luchs | S. 13
www.m.kosmos.de/14593/a1

QR 2 | Audio Fuchs | S. 13
www.m.kosmos.de/14593/a2

QR 5 | AudioBär | S. 21
www.m.kosmos.de/14593/a4

QR 6 | Film: Wolf zerlegt Reh |
S. 52
www.m.kosmos.de/14593/v2

sein, wie Wölfe einen Fischotter erbeuteten. Er wurde totgeschüttelt und dann zwischen der Meute regelrecht zerrissen. Obwohl ich aus sicherer Entfernung beobachtete, ging mir das Knurren der Wolfsmeute durch und durch. Aber diese superseltenen, spektakulären Momente sind mir eigentlich gar nicht so wichtig.

Um was geht es Ihnen dann?

Wenn ich mich erinnere, wo ich überall Bären, Wölfe und Luchse gesehen habe, war das auch in Europa immer in idyllischen Landschaften, Regionen mit Vielfalt. Offen gesagt, es ist ja nicht immer einfach, an Bär, Wolf und Luchs ranzukommen. Oft heißt es warten. Und dann ist es für mich als Naturfreund immer schöner, wenn ich von vielen Tierarten umgeben bin, die ich entdecken kann.

Sie meinen Bär, Wolf und Luchs sind Zeigerarten, die für Idylle und Vielfalt stehen?

Ja. Während den Jahrhunderten, in denen wir versuchten, die großen Carnivoren auszurotten, überlebten die letzten in den hintersten, kaum berührten Ecken. Diese Orte empfinden wir heute als besonders schön. Mittlerweile breiten sich manche Populationen aus, besonders die der Wölfe. Man findet sie heute auch an den Stadträndern von Rom oder Athen. Im Grundsatz stimmt es aber: Bär, Wolf, Luchs stehen für Naturidyll. Wenn ich mich für ein neues Gebiet interessiere und ich erfahre, dass die drei Arten dort vorkommen, kann ich mir sicher sein, dass das Gebiet meinen Ansprüchen an Urigkeit und Idylle entspricht. Habe ich die Wahl, dann entscheide ich mich dafür.

QR 7 | Audio Reh | S. 58
www.m.kosmos.de/14593/a5

QR 8 | Audio Familie mit Jung- und Alttieren | S. 93
www.m.kosmos.de/14593/a6

QR 9 | Audio Wolfsgeheul in Schweden | S. 99
www.m.kosmos.de/14593/a7

QR 10 | Audio 4 Jungtiere | S. 105
www.m.kosmos.de/14593/a8

QR 11 | Audio Wolfschor | S. 106
www.m.kosmos.de/14593/a9

QR 12 | Audio verschiedene Rufe und Knurren | S. 113
www.m.kosmos.de/14593/a10

QR 13 | Film: Baer baut Schlafnest | S. 134
www.m.kosmos.de/14593/v3

EUROPÄISCHES NORDMEER

Spitzbergen (N)

Nördlicher Polarkreis

Island

Lappland

Skandinavien

SCHWEDEN

FINNLAND

Finnische
Seenplatte

ESTLAND

Peipus-
see

ATLANTISCHER
OZEAN

DEUTSCHLAND

POLEN

Elbe

Weichsel

Dnepr

Rhein

Seine

Donau

Karpaten

SLOWAKEI

Donau

FRANKREICH

Alpen

ITALIEN

Apennin

RUMÄNIEN

Südkarpaten

Rhône

BULGARIEN

Balkan

Schwarzes Meer

Pyrenäen

Ebro

Rhodopen

Pindos

SPANIEN

GRIECHEN-
LAND

Mittelmeer

WOLF, BÄR UND LUCHS ERLEBEN

Die Destinationen in Europa

Berücksichtigt sind Naturregionen und Wildnisgebiete mit frei lebenden Tieren.
Die Piktogramme auf der Karte bedeuten:

Bär   Luchs   Wolf 🐾

Nummer auf Karte	Land / Region	Anbieter / Ansprechpartner / Institutionen	Website
1	Norwegen, Spitzbergen		
2	Finnland	Finnature, Jari Peltomäki	finnature.com
3	Schweden	Wild Sweden, Marcus Eldh	wildsweden.com
4	Estland	Natourest, Triin Ivandi	natourest.ee
5	Deutschland	Kontaktbüro Wolfsregion Lausitz	wolfsregion-lausitz.de
		Wolfswandern , Stephan Kaasche	wolfswandern.de
		wolflandtours, Catriona Blum	wolflandtours.de
		Stiftung für Bären	baer.de
6	Polen	EuropesBig5	europesbig5.com
7	Slowakei	Biosphere Expeditions, Matthias Hammer	biosphere-expeditions.org
8	Italien/Trentino	Naturpark Adamello Brenta	pnab.it
13	Italien/Abruzzen	Wise Birding, Chris Townsend	wisebirding.co.uk
9	Frankreich/ Mercantour	Spacebetween, Liz Lord	space-between.co.uk
10	Rumänien	Daniel Petrescu, ibistours	ibis-tours.ro
11	Bulgarien	Neophron Tours, Dimiter Georgiev	neophron.com/
12	Griechenland	Callisto, Susanne und Armin Riegler	Kontakt: werieglers@yahoo.de
14/15	Spanien	EuropesBig5	europesbig5.com

Bärenstarken Dank!

Ohne die Unterstützung zahlreicher Personen hätte dieses Buchprojekt nicht realisiert werden können. Folgende Anbieter von Touren und Parkmitarbeitern haben entscheidend dazu beigetragen:

Catriona Blum / Wolfland Tours (Lausitz, Deutschland); Marcus Eldh / Wild Sweden (Schweden); Dimiter Georgiev / Neophron Tours (Bulgarien); Dr. Matthias Hammer, Biosphere Expeditions (Slowakei); Triin Ivandi / natourest (Estland); Stephan Kaasche / Wolfswandern (Lausitz, Deutschland); Jan Kelchtermans / EuropesBig5 (Spanien und Polen); Liz Lord / Spacebetween (Mercantour NP, Frankreich); Jari Peltomäki und Leena Laitinen / Finnature (Finnland); Daniel Petrescu / Ibis Tours (Rumänien); Susanne und Armin Riegler, Callisto (Griechenland); Chris Townend / Wise Birding Holidays (Abruzzen Nationalpark, Italien); Filippo Zibordi / Parco Naturale Adamello Brenta (Italien)

Die Länderangaben im obigen Absatz beziehen sich auf die entsprechenden Kapitel dieses Buchs. Die meisten Firmen bieten neben den genannten Destinationen weitere an. Ein Blick auf deren Websites lohnt sich!

Danke an alle, die sehr großzügig – und fast alle honorarfrei – Fotos für dieses Buchprojekt gespendet haben: Rolande Asso / Alpha, Pieter-Jan D'Hondt / EuropesBig5, Vera Faupel, José Antonío Garcia Fernández, Dimiter Georgiev / Neophron Tours, Karl Van Ginderdeuren / EuropesBig5, Silver Gutmann / Natourest Eric Lebouteiller / Bildarchiv Parc national du Mercantour, Zsombor Károlyi, Sebastian Koerner, Matthias Hammer / Biosphere expeditions, Tomas Hulik, Jarek Joepera, Fredrik Jonson / Wild Sweden, Hartmut Mang, Glenn Mattsing, J. Onkon / Kontaktbüro Wolfsregion Lausitz, Jari Peltomäki / Finnature, Daniel Petrescu / Ibis Tours, Peter Prokosch / GRID-Arendal, Armin Riegler / Callisto, Chris Townend / Wisebirding, Ingeborg Nopp-Wagner und Dieter Wagner, Dominique Wyss / Stiftung für Bären, Marcus Westberg / Wild Sweden, Petra Wiedemann, Michele Zeni, Filippo Zibordi, Ruthe Zuntz / „Fräulein Brehms Tierleben"

Danke für Reiseberichte und andere inhaltliche Beiträge:Kathie Claydon: Trip-Report Bulgarien; Pieter-Jan D'Hondt, EuropesBig5: Trip-Report Polen; Iris Kürschner: Trekking-Info Seealpen; Steve Morgan: Trip-Report Spitzbergen; Bert Rähni: Trip-Report Estland; Chris Townend, Wise Birding Holidays: Trip-Report Abruzzen, Italien; Thomas Wiltner:Trip-Report Griechenland.

Für die fachliche Beratung und auszugsweises Gegenlesen danke ich: Markus Bathen und Moritz Klose, NABU; Dr. Cornelie Jäger, Landesbeauftragte für Tierschutz / Ministerium für Ländlichen Raum und Verbraucherschutz Baden-Württemberg; Christoph Promberger, Foundation Conservation Carpathia; Felicitas Rechtenwald und Vanessa Ludwig, Kontaktbüro „Wolfsregion Lausitz"; Rüdiger Schmiedel, Stiftung für Bären; Sybille Wölfl, Luchsprojekt Bayern.

Bedanken möchte ich mich auch beim Kosmos Verlag und insbesondere bei meiner Lektorin Monika Weymann für die prima Zusammenarbeit und die stets lustige Atmosphäre. Mathis Weymann brachte super Ideen zu Grafik und Layout ein. Annette Wrobel hat die Karte sehr schön gestaltet. Gertrud Döffinger entdeckte geradezu mit Luchsaugen auch die kleinsten Schreibfehler. Danke allen dafür!

„Special Thanks" geht zuallererst an meine Frau, die noch immer schmunzelnd die Augen verdreht, wenn ich eine Wolfsspur fotografiere und daneben den Ehering als Größenvergleich platziere. „Danke, Anja, dass ihr mich immer wieder allein losziehen lasst." Das betrifft auch meine Tochter: „Liebe Marie Lou, ich denke immer an dich, wenn ich unterwegs bin. Super, wie du im Trentino geduldig geholfen hast, das Bärenfutterfoto aufzunehmen!"

„Special Thanks" geht ferner an Jon Hall, der die Website mammalwatching.com ins Leben gerufen hat: „Danke, Jon! Nirgends gibt es eine so gute Zusammenfassung toller Tierbeobachtungsorte und Trip-Reports."

Bärenstarken Dank gebührt auch der Stiftung für Bären, insbesondere Rüdiger Schmiedel sowie dem gesamten Team des Alternativen Wolf- und Bärenparks Schwarzwald: „Dieser Park hat das Prädikat naturnah wirklich verdient."

Impressum

Umschlaggestaltung von Populärgrafik unter Verwendung von 1 Farbfoto von Glenn Mattsing Die Aufnahme zeigt einen Wolf.

Mit 168 Fotos von Ralf Bürglin und weiteren Fotografen.
Alle weiteren Fotografen werden direkt beim Bild genannt.
Aufmacherfotos zu den einzelnen Kapiteln von: Ralf Bürglin (Seiten 2/3, 4/5, 8/9, 66/67, 96/97); Fredrik Jonson/Wild Sweden (Seite 34/35);
Vera Faupel (Seite 46/47); Hartmut Mang (Seite 136/137)

Trotz sorgfältiger Prüfung und Recherche sind alle Angaben in diesem Buch ohne Gewähr. Eine Garantie oder Haftung der Autoren, des KOSMOS-Verlags oder von ihm beauftragter Personen sind ausgeschlossen.

Unser gesamtes lieferbares Programm und viele weitere Informationen zu unseren Büchern, Spielen, Experimentierkästen, DVDs, Autoren und Aktivitäten finden Sie unter kosmos.de

FSC
www.fsc.org

MIX
Papier aus verantwortungsvollen Quellen
FSC® C004592

Gedruckt auf chlorfrei gebleichtem Papier

© 2015, Franckh-Kosmos Verlags-GmbH & Co. KG, Stuttgart.
Alle Rechte vorbehalten
ISBN-13: 978-3-440-14593-7
Redaktion: Monika Weymann
Gestaltung und Satz: Populärgrafik Stuttgart
Produktion: Markus Schärtlein
Layout: Populaergrafik
Printed in Germany / Imprimé en Allemagne